# BestMasters

Mit „BestMasters" zeichnet Springer die besten Masterarbeiten aus, die an renommierten Hochschulen in Deutschland, Österreich und der Schweiz entstanden sind. Die mit Höchstnote ausgezeichneten Arbeiten wurden durch Gutachter zur Veröffentlichung empfohlen und behandeln aktuelle Themen aus unterschiedlichen Fachgebieten der Naturwissenschaften, Psychologie, Technik und Wirtschaftswissenschaften.

Die Reihe wendet sich an Praktiker und Wissenschaftler gleichermaßen und soll insbesondere auch Nachwuchswissenschaftlern Orientierung geben.

Christoph Lohmann

# Galerkin-Spektralverfahren für die Fokker-Planck-Gleichung

 Springer Spektrum

Christoph Lohmann
Dortmund, Deutschland

BestMasters
ISBN 978-3-658-13310-8       ISBN 978-3-658-13311-5 (eBook)
DOI 10.1007/978-3-658-13311-5

Die Deutsche Nationalbibliothek verzeichnet diese Publikation in der Deutschen National-
bibliografie; detaillierte bibliografische Daten sind im Internet über http://dnb.d-nb.de abrufbar.

Springer Spektrum
© Springer Fachmedien Wiesbaden 2016

Gedruckt auf säurefreiem und chlorfrei gebleichtem Papier

Springer Spektrum ist Teil von Springer Nature
Die eingetragene Gesellschaft ist Springer Fachmedien Wiesbaden GmbH

# Vorwort

Der Lehrstuhl für Angewandte Mathematik und Numerik (LS III) der Fakultät Mathematik an der Technischen Universität Dortmund beschäftigt sich unter der Leitung von Herrn Prof. Dr. Stefan Turek und Herrn Prof. Dr. Dmitri Kuzmin im Bereich des Wissenschaftlichen Rechnens mit der Numerik für Partielle Differentialgleichungen. Hierbei stehen unter anderem die Aspekte von effizienten Löserverfahren im Bezug auf hardwareorientierten Implementierungen sowie die Sicherstellung physikalischer Eigenschaften im Fokus der Forschung. Letzterer Forschungsschwerpunkt diskutiert beispielsweise positivitätserhaltende Finite-Elemente-Approximationen oder die Vermeidung künstlicher Oszillationen.

In diesem Zusammenhang entstand das Themengebiet der Feinstrukturmodellierung von Fasersuspensionen und die im Wintersemester 2014/15 verfasste und in diesem Werk veröffentlichte Masterarbeit mit dem Titel „*Physikkonforme Galerkin-Verfahren zur Simulation der Orientierungszustände in Fasersuspensionen*".

Da das Fließverhalten von Fasersuspensionen auf der lokalen Zusammensetzung der Mixtur sowie den Orientierungen der mikroskopischen Fibern aufbaut, wird in bewährten Modellen eine makroskopische Verteilungsfunktion eingeführt und Kopplungen der verschiedenen Phasen mittels sogenannter Orientierungstensoren beschrieben. Diese müssen aus physikalischen Gründen die Eigenschaften der positiven Semidefinitheit und der normierten Spur bewahren. In dieser wissenschaftlichen Arbeit werden aus diesem Grund die Tensoren unter besonderer Berücksichtigung der Definitheit untersucht, entsprechende Bedingungen hergeleitet und numerische Korrekturverfahren aufgestellt. Die dabei entstandenen Methoden lassen sich ohne Beschränkungen auch auf andere Modelle mit tensoriellen Größen übertragen.

Die Arbeit wurde betreut durch Herrn Prof. Dr. Dmitri Kuzmin, der mir jederzeit mit Rat und Tat zur Seite stand und die Publizierung initiiert hat. Aus diesem Grund gilt ihm ein besonderer Dank.
Bedanken möchte ich mich außerdem beim gesamten Lehrstuhl für die besondere Arbeitsatmosphäre. Dieser hat mich eine lange Zeit während meines Studiums begleitet und damit die Entstehung dieses Werkes erst ermöglicht und mitbeeinflusst.

Christoph Lohmann

# Inhaltsverzeichnis

# Abbildungsverzeichnis

# Tabellenverzeichnis

# 1 Einleitung

In vielen Bereichen des täglichen Lebens treten Strömungen unterschiedlichster Flüssigkeiten auf. Hierbei kann es sich um die auf den ersten Blick belanglose Strömung eines Flusses als auch um die diffizile Befüllung eines Negatives in der Fertigungsindustrie handeln. Während ersteres nur selten von Bedeutung ist, werden gewerbliche Vorgänge sehr genau untersucht und hängen regelmäßig mit dem Erfolg und Gewinn eines Projekts zusammen. Infolgedessen werden bei komplexen und kostspieligen Prozessen Simulationen eingesetzt, die zeitraubende Experimentierphasen abwenden sollen. Hierfür werden entsprechende Modelle mit mathematisch abgestimmten Methoden greifbar gemacht und Resultate für unterschiedliche Konfigurationen berechnet. Einphasige Strömungen, wie sie bei fließendem Wasser in einem Flussbett auftauchen, können beispielsweise durch die Navier-Stokes-Gleichungen nachgeahmt werden. Wird der Bewegung eine weitere Phase hinzugefügt, so handelt es sich aufgrund der Interaktion um ein gekoppeltes System.

Bei Fasersuspensionen werden dem Fluid Fibern beigemischt, die sich gegenseitig in ihrer Bewegung einschränken und damit die Viskosität der Flüssigkeit stark verändern können. Solange die Konzentrationsdichte gering ist, kann die Mixtur gut durch eine reine Flüssigkeit approximiert werden. Durch Hinzufügen weiterer Fasern nähert sich das Verhalten des Gemisches der Bewegung eines Festkörpers an. Situationen dieser Art finden sich vermehrt bei der Papierherstellung wieder. Hierbei wird dem Gemenge aus Wasser und Cellulosefasern durch unterschiedliche Produktionsabläufe die Feuchtigkeit entzogen, sodass final eine Papierschicht mit einem möglichst optimalen Flächenmasseprofil entsteht.

Im Gegensatz zur Vergangenheit, in der ein qualitativ hochwertiges Produkt im Fokus stand, verlagert sich das Interesse der papiererzeugenden Industrie zu einem erhöhten Produktionsausstoß bei (energie-)effizienteren und ressourcenschonenderen Verfahren [23]. Detaillierte Simulationen können beispielsweise bei dem Design von Turbulenzerzeugern und Düsengeometrien eingesetzt werden, um eine optimale Verteilung der Fasern im Gemisch bei einem minimalen Einsatz von Ressourcen zu gewährleisten.

Das Fundament einer solchen Prognose liefert ein mathematisches Modell zur Simulation der Fasersuspension. Beachtliche Fortschritte in den Bereichen der „Computational Fluid Dynamics" (CFD) und des „High Performance Computing" (HPC) erlauben heutzutage Simulationen von zweiphasigen Strömungen in komplexen Geometrien. Unter Verwendung der Lagrangeschen Betrachtungsweise können

**Abbildung 1.1:** Produktionslinie „Perlen PM 7" der Firma „Voith Paper GmbH" zur Herstellung von Zeitungsdruckpapier [33].

jeweilige parallelisierbare Modelle auf Hochleistungscomputern bis zu 10 000 000 Partikel umfassen. Die Fibern bei der Herstellung von Papier weisen jedoch eine Länge in der Größenordnung weniger Millimeter auf, sodass sich bereits bei einer Konzentrationsdichte von 1 % in einem Kubikzentimeter der Mischung mehrere zehntausend Fasern befinden [23]. Obendrein verlangt eine entsprechende Triangulierung des Gebietes eine sehr feine Auflösung, um diese mikroskopischen Dimensionen widerspiegeln zu können. Die Vorhersage der Fluidbewegung durch materielle Betrachtungsweisen sind somit für komplexere Geometrien nicht vorstellbar.

Stattdessen behilft man sich mit der Eulerschen Betrachtungsweise und der damit verbundenen Einführung einer Wahrscheinlichkeitsverteilungsfunktion $\psi(\mathbf{x}, \mathbf{p}, t)$, welche die Aufenthaltswahrscheinlichkeitsdichte einer Fiber im Ort $\mathbf{x}$ zur Orientierung $\mathbf{p}$ und einem Zeitpunkt $t$ beschreibt. Das Integral über alle möglichen Orientierungen beschreibt so die Wahrscheinlichkeitsdichte, eine Fiber im Ort $\mathbf{x}$ zur Zeit $t$ zu finden. Beim Einsatz dieser Technik ist nicht mehr die Bewegung jeder individuellen Faser von Belang und es lassen sich makroskopische Triangulierungen verwenden, welche die relevanten Geometrien bei der Papierherstellung in der Größenordnung von mehreren Metern darstellen können.

Bei diesem zweiphasigen Modell sind die Differentialgleichungen des Transportmediums in der Strömungsmechanik bereits ausreichend untersucht worden und es existieren gängige Methoden für ihre numerische Behandlung. Für die fiberabhängigen Bestandteile des Modells wurde bereits im Jahr 1987 ein numerisches Verfahren durch Advani und Tucker [1] vorgestellt: Entsprechende Differentialgleichungen für die Wahrscheinlichkeitsverteilungsfunktion $\psi(\mathbf{x}, \mathbf{p}, t)$ werden zu Evolutionsgleichungen für Orientierungstensoren vereinfacht und dabei auftauchende unbekannte Orientierungstensoren höherer Ordnung durch heuristische Näherungen ersetzt [1, 4, 16, 18, 25]. Die sogenannten „closure approximations" fokussieren sich hierbei auf spezielle Konfigurationen und können damit nicht das breite Spektrum der Realität wiedergeben. Das Verfahren von Advani und Tucker [1] ist trotz dieser willkürlichen Annahmen weit verbreitet und anerkannt.

In dieser Arbeit werden wir nach dem Vorstellen des Modells zur Simulation der Fasersuspensionen in Abschnitt 2.1 eine alternative Diskretisierung der fiberabhängigen Phase am Beispiel der zweidimensionalen Problemstellung erarbeiten (siehe Abschnitt 4). Diese baut abweichend von der Idee von Advani und Tucker auf einem Galerkin-Ansatz mit Fourierbasisfunktionen in der Orientierungsvariablen $\mathbf{p}$ auf. Für ein robustes Verfahren verlangen wir von der approximierten Orientierungsverteilungsfunktion $\psi(\mathbf{x}, \mathbf{p}, t)$ außerdem das Einhalten physikalischer Eigenschaften, welche im Abschnitt 3 hergeleitet werden. Bei Missachtungen können instabile Komponenten in der Diskretisierung auftauchen und ein Abbruch des Verfahrens ist nicht auszuschließen. Diese Einschränkungen werden durch entsprechende Minimierungsprobleme (siehe Abschnitt 4.2.1) oder das Hinzufügen von künstlicher Diffusion (siehe Abschnitt 4.2.2) gewährleistet. Anschließend wird das Verfahren im Abschnitt 5 anhand verschiedener Testkonfigurationen auf die Praxistauglichkeit getestet.

# 2 Grundlage

In diesem Abschnitt wird das Fundament der Arbeit gelegt. Hierzu leiten wir zunächst das in der Wissenschaft anerkannte Modell zur Simulation von Fasersuspensionen her. Anschließend definieren wir die hierbei auftauchenden Differentialoperatoren auf der Sphäre $\mathbb{S}$ und halten Fehlerabschätzungen für abgeschnittene Fourierreihen fest. Diese begründen unsere Diskretisierung der orientierungsabhängigen Differentialgleichung auf der Basis von Fourierbasisfunktionen.

## 2.1 Herleitung des Modells

Wie bereits in der Einleitung erwähnt, setzt sich eine Fasersuspension bei der Papierherstellung aus dem flüssigen Transportmedium und den meist pflanzlichen Fibern zusammen. Weitere mögliche Bestandteile wie Lufteinschlüsse in Form von Blasen entsprechen einem gesonderten Gebiet der numerischen Strömungssimulation und werden im Folgenden aufgrund der Komplexität vernachlässigt. Die Besonderheit bei der Betrachtung von Fasern im Gegensatz zu sphärischen Partikeln in einem Fluid liegt in der Interaktion der Teilchen: Während das Verhalten von Kugeln nach einem Zusammenstoß verhältnismäßig unproblematisch vorhergesagt werden kann, ist die Kollision von Fasern nicht zuletzt wegen der erhöhten Anzahl an Freiheitsgraden nur sehr schwer zu erfassen. Diese verzahnen sich bereits bei niedrigen Konzentrationen schnell untereinander und neigen zur Flockenbildung, welche die Viskosität der Mixtur stark beeinflusst. Neben der Einschränkung des Fließverhaltens überträgt sich die Tendenz zu Verflechtungen auf die Qualität des produzierten Papiers, da sich diese nach der Regelmäßigkeit des Flächenmasseprofils richtet. Unter der Annahme gleichartiger Fasern konnten Kerekes und Schell [20] diese Neigung zur Flockenbildung anhand drei charakteristischer Größen durch eine dimensionslose „crowding number" $n_v = \frac{2}{3} \alpha \frac{L}{d}$ in drei schemenhafte Gruppen unterteilen. Hierbei entspricht $\alpha \in [0,1]$ dem Volumenanteil der Fibern in der Mischung und $L$ bzw. $d$ der durchschnittlichen Länge bzw. dem durchschnittlichen Durchmesser der Fasern.

Kerekes und Schell bezeichnen die Fasersuspension in dem Intervall $0 \le n_v < 1$ als verdünnt. In diesem Ausschnitt ist die Konzentration der Fibern verschwindend und Interaktionen zwischen den zylindrischen Partikeln sowie Flockenbildungen treten nur sporadisch auf. Auf diese Weise haben die Wechselbeziehungen einen vernachlässigbaren Einfluss auf den Verlauf der Strömung und können ignoriert werden. Der halbverdünnte Bereich ist definiert für Werte $1 \leq n_v \leq 60$ und aufgrund des häufigen Auftretens in der Papierherstellung für Untersuchungen besonders attraktiv. Zusammenstöße und Verflechtungen zwischen den Festkörpern tragen maßgeblich zum Strömungsverhalten bei und dürfen nicht länger unberücksichtigt bleiben. In der Klasse der konzentrierten Fasersuspensionen $n_v > 60$ ist die Bewegungsfreiheit der Fibern angesichts der Bildung von Netzen stark eingeschränkt. Aufgrund der so entstehenden Viskosität wird die Bewegung des Gemenges vermindert und das Verhalten nähert sich dem eines Festkörpers.

In diesem Abschnitt werden wir ein Modell zur Behandlung von Fasersuspensionen mit $n_v \leq 60$, also einem verdünnten bis halbverdünnten Gemisch, herleiten. Dieses simuliert die Faserinteraktionen durch künstliche Diffusion bei der orientierungsabhängigen Differentialgleichung. Mögliche Verzahnungen und die dadurch entstehende Flockenbildung können bei diesem Modell aufgrund der makroskopischen Betrachtungsweise durch eine Orientierungsverteilungsfunktion $\psi(\mathbf{p}, \mathbf{x}, t)$ nicht ohne Weiteres berücksichtigt werden.

Bevor wir auf das Verhalten der Fibern eingehen, betrachten wir die makroskopische Behandlung der inkompressiblen Mixtur. Die Geschwindigkeit $\mathbf{u} = \mathbf{u}(\mathbf{x}, t) \in \mathbb{R}^n$ mit der Raumdimension $n$ und der Druck $p = p(\mathbf{x}, t) \in \mathbb{R}_+$ der Mischung erfüllen die **inkompressiblen Navier-Stokes-Gleichungen**

$$\frac{\partial(\rho\mathbf{u})}{\partial t} + \nabla_\mathbf{x} \cdot (\rho\mathbf{u} \otimes \mathbf{u}) = -\nabla_\mathbf{x} p + \nabla_\mathbf{x} \cdot \tau_\text{eff}, \qquad \text{div}_\mathbf{x}(\mathbf{u}) = 0. \qquad (2.1)$$

Hierbei beschreibt $\tau_\text{eff} \in \mathbb{R}^{n \times n}$ den effektiven Spannungstensor und $\rho \in \mathbb{R}_+$ die effektive Dichte der Fasersuspension. $\rho$ und $\mathbf{u}$ sind für die zweiphasige Strömung definiert durch

$$\rho = (1 - \alpha)\rho_f + \alpha\rho_s, \qquad (2.2a)$$

$$\rho\mathbf{u} = (1 - \alpha)\rho_f\mathbf{u}_f + \alpha\rho_s\mathbf{u}_s \qquad (2.2b)$$

mit dem wie bereits beschriebenen Volumenanteil $\alpha \in [0, 1]$ der Fibern und der Dichte $\rho_f \in \mathbb{R}_+$ bzw. Geschwindigkeit $\mathbf{u}_f \in \mathbb{R}^3$ des Fluids. $\rho_s \in \mathbb{R}_+$ und $\mathbf{u}_s \in \mathbb{R}^3$ geben die entsprechenden Größen der fiberabhängigen Phase wieder. Mit diesen Bezeichnungen entspricht $\rho$ der durchschnittlichen Dichte und $\rho\mathbf{u}$ der durchschnittlichen Impulsdichte in einem Ort $\mathbf{x}$ des Gemisches.

Ist das Fluid eine reine Flüssigkeit, also $\alpha \equiv 0$, so ist $\tau_\text{eff}$ durch den viskosen Spannungstensor für Newtonsche Fluide definiert. Dieser kann mit dem Deformationstensor $\mathbf{D} = \frac{1}{2}(\nabla_\mathbf{x}\mathbf{u} + \nabla_\mathbf{x}\mathbf{u}^\mathsf{T})$ und den Materialkonstanten $\lambda, \nu \in \mathbb{R}$ approximiert werden durch

$$\tau = \lambda(\text{div}_\mathbf{x}\mathbf{u})\mathcal{I} + 2\nu\mathbf{D} = 2\nu\mathbf{D} \qquad (2.3)$$

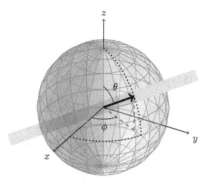

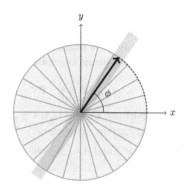

**(a)** Kugelkoordinaten definiert durch
$\mathbf{p}(\theta, \phi) = (\sin\theta\cos\phi, \sin\theta\sin\phi, \cos\theta)^\mathsf{T}$.

**(b)** Polarkoordinaten definiert durch
$\mathbf{p}(\phi) = (\cos\phi, \sin\phi)^\mathsf{T}$.

**Abbildung 2.1:** Koordinatensystem zur Definition der Orientierung $\mathbf{p} \in \mathbb{S}^{n-1} \subset \mathbb{R}^n$ einer Faser für unterschiedliche Raumdimensionen.

und ist damit für inkompressible Fluide proportional zum symmetrischen Teil des Geschwindigkeitsgradienten. Demnach sollte der effektive Spannungstensor $\tau_{\text{eff}}$ einer Fasersuspension im Grenzwert niedriger Fiberanteile gegen den viskosen Spannungstensor $\tau$ konvergieren. Diesen Aspekt werden wir später bei einer möglichen Definition von $\tau_{\text{eff}}$ erneut aufgreifen.

Durch die Differentialgleichungen (2.1) ist das Fundament zur Simulation der Fasersuspensionen gelegt. Dieses enthält jedoch mit der Geschwindigkeit $\mathbf{u} \in \mathbb{R}^n$, dem Druck $p \in \mathbb{R}_+$ und dem Volumenanteil $\alpha \in [0,1]$ eine Unbekannte mehr als das System (2.1) kontrollieren kann. Des Weiteren ist unser Modell augenblicklich unabhängig von der Orientierung der Fasern, sodass diese derzeit entgegen der Vorstellung willkürlich in dem Transportmedium zirkulieren könnten. Aus diesem Grund müssen die inkompressiblen Navier-Stokes-Gleichungen (2.1) um (mindestens) eine weitere partielle Differentialgleichung ergänzt werden, die insbesondere von der Orientierung der Fasern abhängt.

Wir fokussieren uns bei der Herleitung einer orientierungsabhängigen Differentialgleichung zunächst auf eine einzelne Faser. Diese kann interpretiert werden durch ein Seil mit einer beliebigen Massenverteilung, welches an willkürlichen Stellen gekrümmt werden kann. Für unser Modell mit mehreren Millionen Fibern ist eine derart allgemeine Betrachtung jedoch unverhältnismäßig. Stattdessen approximieren wir sie durch einen (länglichen) starren Zylinder, der durch die konstante Länge $L$ und den konstanten Durchmesser $d$ sowie die Koordinaten seines Schwerpunktes $\mathbf{x} \in \mathbb{R}^n$ und einem Punkt auf der Einheitssphäre $\mathbf{p} \in \mathbb{S}^{n-1} = \{x \in \mathbb{R}^n : \|x\|_2 = 1\} \subset \mathbb{R}^n$ eindeutig definiert ist (siehe Abbildung 2.1). Die Orientierung der Faser im Raum wird hierbei eindeutig durch $\mathbf{p} \in \mathbb{S}^{n-1}$ beschrieben. Dagegen ist $\mathbf{p}$ aufgrund der Ununterscheidbarkeit der Fiberenden lediglich bis auf das Vorzeichen durch die

Orientierung festgelegt. Eine Faser mit der Orientierung entlang $\mathbf{p}$ besitzt damit die selbe Ausrichtung wie eine Faser entlang $-\mathbf{p}$. Befindet sich ein solches längliches Objekt isoliert in einer Flüssigkeit, so kann die Entwicklung der Orientierung durch die **Jeffery-Gleichung** angenähert werden [19]

$$\dot{\mathbf{p}} = \mathbf{W} \cdot \mathbf{p} + \lambda \left[ \mathbf{D} \cdot \mathbf{p} - \mathbf{D} : (\mathbf{p} \otimes \mathbf{p})\mathbf{p} \right]. \tag{2.4}$$

Hierbei bezeichnet $\mathbf{D} = \frac{1}{2}(\nabla_{\mathbf{x}}\mathbf{u} + \nabla_{\mathbf{x}}\mathbf{u}^{\mathsf{T}})$ den bereits erwähnten **Deformations-tensor** (engl. „strain rate tensor"), $\mathbf{W} = \frac{1}{2}(\nabla_{\mathbf{x}}\mathbf{u} - \nabla_{\mathbf{x}}\mathbf{u}^{\mathsf{T}})$ den **Spinntensor** (engl. „vorticity tensor") und $\lambda = \frac{r_e^2 - 1}{r_e^2 + 1}$ einen von dem Längenverhältnis $r_e = \frac{L}{d}$ abhängigen Faserparameter.

Wie bereits in der Einleitung beschrieben, wollen wir bei der Fasersuspension nicht jede individuelle Faser in der Lagrangeschen Betrachtungsweise beobachten. Bei der Vielzahl an Teilchen würden so die Grenzen der heutigen Rechenanlagen bereits bei sehr geringen Volumina überschritten. Stattdessen betrachten wir das Gemisch in einer Eulerschen Betrachtungsweise. Hierzu nehmen wir an, dass alle Teilchen die selbe Länge $L$ und den selben Durchmesser $d$ besitzen. Außerdem führen wir eine lokale Orientierungsverteilungsfunktion $\psi : \mathbb{R}^n \times \mathbb{R}^{n-1} \times \mathbb{R}_0^+ \to \mathbb{R}_0^+$ ein, welche die bedingte Wahrscheinlichkeit angibt, eine zur Zeit $t$ im (festen) Ort $\mathbf{x}$ befindliche Fiber mit der Orientierung $\mathbf{p}$ vorzufinden [17]. Demnach gilt für diese lokale Verteilungsfunktion

$$\psi(\mathbf{x}, \mathbf{p}, t) = \psi(\mathbf{x}, -\mathbf{p}, t) \geq 0, \qquad \text{für alle } \mathbf{p} \in \mathbb{S}^{n-1}, \text{ Orte } \mathbf{x} \text{ und Zeiten } t, \tag{2.5a}$$

$$\int_{\mathbb{S}^{n-1}} \psi(\mathbf{x}, \mathbf{p}, t) \, \mathrm{d}\mathbf{p} = 1 \qquad \text{für alle Orte } \mathbf{x} \text{ und Zeiten } t. \tag{2.5b}$$

Zusammen mit dem Volumenanteil $\alpha : \mathbb{R}^n \times \mathbb{R}_0^+ \to [0, 1]$ sind damit die Aufenthalts-orte und Ausrichtungen der gesamten Fibern makroskopisch festgehalten.

Für verdünnte Gemische, bei denen die Interaktion der Fibern vollständig ignoriert werden kann, wird die Entwicklung der lokalen Orientierungsverteilungsfunktion $\psi(\mathbf{x}, \mathbf{p}, t)$ beschrieben durch die Fokker-Planck-Gleichung [12, 27]

$$\frac{\mathrm{d}\psi}{\mathrm{d}t} + \mathrm{div}_{\mathbf{p}}(\dot{\mathbf{p}}\psi) = \frac{\partial \psi}{\partial t} + \mathbf{u} \cdot \nabla_{\mathbf{x}}\psi + \mathrm{div}_{\mathbf{p}}(\dot{\mathbf{p}}\psi) = 0. \tag{2.6}$$

Wollen wir außerdem bei höheren Konzentrationen die Wechselwirkungen zwischen einzelnen Fasern mit in das Modell einbeziehen, so ist dies aufgrund der globa-len Betrachtungsweise nicht mit exakten physikalischen Formeln durchführbar. Stattdessen wird die „freie Beweglichkeit" der Fasern durch einen zusätzlichen diffusiven Term in der Gleichung (2.6) eingeschränkt. Auf diese Weise erhalten wir mit der Drehdiffusivität (engl. „rotary diffusivity") $D_r$ die für das Modell einer Fasersuspension relevante **nichtkonservative Fokker-Planck-Gleichung** [2, 25]

$$\frac{\mathrm{d}\psi}{\mathrm{d}t} + \nabla_{\mathbf{p}} \cdot (\dot{\mathbf{p}}\psi) = \frac{\partial \psi}{\partial t} + \mathbf{u} \cdot \nabla_{\mathbf{x}}\psi + \mathrm{div}_{\mathbf{p}}(\dot{\mathbf{p}}\psi) = \Delta_{\mathbf{p}}(D_r\psi). \tag{2.7}$$

Folger und Tucker [13] definierten diese durch $D_r = C_I \dot{\gamma} = C_I(\frac{1}{2}\mathbf{D} : \mathbf{D})^{1/2}$ mit einer empirischen Konstanten $C_I \geq 0$. Dieser Wert sollte aufgrund der Arbeit von [20] insbesondere von der charakteristischen Größe $n_v$ der Fasersuspension abhängen. In manchen Arbeiten wird der diffusive Term der Fokker-Planck-Gleichung (2.7) zur Simulation der Faserinteraktionen auch in die Jeffery-Gleichung (2.4) verschoben [1, 26].

Die an dieser Stelle eingeführte Fokker-Planck-Gleichung (2.7) liefert die Einschränkung des Modells auf verdünnte bis halbverdünnte Fasersuspensionen, da sie die bei höheren Konzentrationsdichten in Betracht zu ziehende Flockenbildung nicht reproduzieren kann. Außerdem beschreibt sie nach der Definition von $\psi(\mathbf{x}, \mathbf{p}, t)$ lediglich die Wahrscheinlichkeitsdichte einer im (festen) Ort $\mathbf{x}$ befindlichen Fiber in der Orientierung $\mathbf{p}$ vorzufinden und gibt keine Auskunft über die örtliche Konvektion der Teilchen. Die hierfür relevante Differentialgleichung entspricht der **Kontinuitätsgleichung** für den Volumenanteil $\alpha(\mathbf{x}, t) \in [0, 1]$

$$\frac{\partial \alpha}{\partial t} + \mathrm{div}_\mathbf{x}(\mathbf{u}_s \alpha) = 0 \qquad (2.8)$$

mit der Geschwindigkeit $\mathbf{u}_s$ der faserabhängigen Phase, die im Allgemeinen durch die Gleichung (2.2b) festgehalten wird. Um das Modell nicht durch eine weitere Differentialgleichung für $\mathbf{u}_f$ und $\mathbf{u}_s$ erweitern zu müssen, nehmen wir an, dass die Fasern (nahezu) ungebremst mit dem Gemisch treiben und wir somit $\mathbf{u}_s = \mathbf{u}$ annehmen können. Damit ergibt sich mit den Gleichungen für die effektive Dichte (2.2a) und Impulsdichte (2.2b)

$$(1-\alpha)\rho_f \mathbf{u}_f + \alpha\rho_s \mathbf{u}_s = \rho \mathbf{u}$$
$$\Leftrightarrow \quad (1-\alpha)\rho_f \mathbf{u}_f + \alpha\rho_s \mathbf{u} = (1-\alpha)\rho_f \mathbf{u} + \alpha\rho_s \mathbf{u} \qquad (2.9)$$
$$\Leftrightarrow \quad (1-\alpha)\rho_f \mathbf{u}_f = (1-\alpha)\rho_f \mathbf{u}$$

und wir können ohne Beschränkung der Allgemeinheit zusätzlich $\mathbf{u} = \mathbf{u}_f$ annehmen. Damit strömen beide Phasen des Gemisches mit der identischen Geschwindigkeit $\mathbf{u}$. Definieren wir weiter die globale Wahrscheinlichkeitsverteilungsfunktion $\tilde{\psi}$ : $\mathbb{R}^n \times \mathbb{R}^{n-1} \times \mathbb{R}_0^+ \to \mathbb{R}_0^+$ durch $\tilde{\psi}(\mathbf{x}, \mathbf{p}, t) = \alpha(\mathbf{x}, t)\psi(\mathbf{x}, \mathbf{p}, t)$, so ergibt sich unter Verwendung der nichtkonservativen Fokker-Planck-Gleichung (2.7) für die lokale Wahrscheinlichkeitsverteilungsfunktion und der Kontinuitätsgleichung (2.8) für den Volumenanteil

$$0 = \alpha\Big(\frac{\partial \psi}{\partial t} + \mathbf{u} \cdot \nabla_\mathbf{x}\psi + \mathrm{div}_\mathbf{p}(\dot{\mathbf{p}}\psi) - \Delta_\mathbf{p}(D_r\psi)\Big) + \psi\Big(\frac{\partial \alpha}{\partial t} + \mathrm{div}_\mathbf{x}(\mathbf{u}\alpha)\Big)$$
$$= \alpha\frac{\partial \psi}{\partial t} + \psi\frac{\partial \alpha}{\partial t} + \alpha\mathbf{u} \cdot \nabla_\mathbf{x}\psi + \psi\mathrm{div}_\mathbf{x}(\mathbf{u}\alpha) + \alpha\mathrm{div}_\mathbf{p}(\dot{\mathbf{p}}\psi) - \alpha\Delta_\mathbf{p}(D_r\psi)$$
$$= \frac{\partial \alpha\psi}{\partial t} + \mathrm{div}_\mathbf{x}(\mathbf{u}\alpha\psi) + \mathrm{div}_\mathbf{p}(\dot{\mathbf{p}}\alpha\psi) - \Delta_\mathbf{p}(D_r\alpha\psi) \qquad (2.10)$$
$$= \frac{\partial \tilde{\psi}}{\partial t} + \mathrm{div}_\mathbf{x}(\mathbf{u}\tilde{\psi}) + \mathrm{div}_\mathbf{p}(\dot{\mathbf{p}}\tilde{\psi}) - \Delta_\mathbf{p}(D_r\tilde{\psi}).$$

Damit erfüllt $\tilde{\psi}$, welche die Wahrscheinlichkeitsdichte beschreibt eine Fiber im Ort $\mathbf{x}$ zur Orientierung $\mathbf{p}$ zu finden, die **konservative Fokker-Planck-Glei-chung** (2.10). Man beachte hierbei, dass aufgrund der inkompressiblen Navier-Stokes-Gleichungen (2.1), die eine divergenzfreie Geschwindigkeit $\mathbf{u}$ verlangt, beide partielle Differentialgleichungen (2.7) und (2.10) äquivalent sind. Bei der Herleitung der konservativen Formulierung (2.10) haben wir diese Aussage jedoch nicht verwendet, sodass das Resultat (2.10) auch für allgemeine Geschwindigkeiten $\mathbf{u}$ mit $\mathrm{div}_{\mathbf{x}}\mathbf{u} \neq 0$ gültig bleibt. Wir werden im Folgenden immer (bei ortsabhängigen Verteilungsfunktionen) die globale Definition der Wahrscheinlichkeitsdichte mit der entsprechenden Differentialgleichung (2.10) verwenden und zur besseren Übersicht auf die Tilde $\tilde{\phantom{x}}$ verzichten.

Wir haben hiermit Differentialgleichungen für beide Phasen einer Fasersuspension festgehalten. Während die Entwicklung der Fibern, repräsentiert durch die Wahrscheinlichkeitsverteilungsfunktion, durch die Fokker-Planck-Gleichung (2.10) definiert ist, wird das Transportmedium mit Hilfe der weit verbreiteten inkompressiblen Navier-Stokes-Gleichungen (2.1) beschrieben. Diese sind jedoch abhängig von dem bisher unbekannten Spannungstensor $\tau_{\mathrm{eff}}$, welcher nach unseren Überlegungen von der Ausrichtung der Fasern abhängen und für niedrige Konzentrationen gegen den viskosen Spannungstensor $\tau$ konvergieren sollte. Unter Berücksichtigung dieser Beschaffenheiten kann er durch die Formel [14, 28, 31]

$$\tau_{\mathrm{eff}} = 2\mu_{\mathrm{eff}} \left[ \mathbf{D} + N_p \mathbb{A}_4 : \mathbf{D} + N_s (\mathbb{A}_2 \cdot \mathbf{D} + \mathbf{D} \cdot \mathbb{A}_2) \right], \qquad (2.11)$$

$$\mu_{\mathrm{eff}} = \nu(1 + \alpha H), \qquad N_p = \frac{\alpha E}{1 + \alpha H}, \qquad N_s = \frac{\alpha B}{1 + \alpha H}$$

mit der dynamischen Viskosität $\nu$ des Transportmediums und den nichtnegativen Materialkonstanten $H, E, B \geq 0$ der Fibern genähert werden. Des Weiteren definiert $\mathbb{A}_2 \in \mathbb{R}^{n \times n}$ bzw. $\mathbb{A}_4 \in \mathbb{R}^{n \times n \times n \times n}$ den Orientierungstensor zweiter bzw. vierter Ordnung in Abhängigkeit von der lokalen Orientierungsverteilung $\psi$. Diese Tensoren werden im nächsten Abschnitt 3 definiert und genauer untersucht. Aufgrund der Existenz in der Definition (2.11) des effektiven Spannungstensors $\tau_{\mathrm{eff}}$ ist ein besonderes Augenmerk darauf zu legen, dass bei einer numerischen Simulation die Tensoren $\mathbb{A}_2$ und $\mathbb{A}_4$ ihre physikalischen Eigenschaften beibehalten.

## 2.2 Formelsammlung auf der Sphäre $\mathbb{S}^1$

Der Fokus dieser Arbeit wird wie im Abschnitt 2.1 erläutert auf der Simulation der Fokker-Planck-Gleichung (2.10) liegen. Sie beschreibt die Entwicklung der Orientierungszustände von Fibern in einer Fasersuspension und ist demnach in der Orientierungskomponente auf der Sphäre $\mathbb{S}^{n-1} \subset \mathbb{R}^n$ für $n = 2, 3$ definiert. Aus diesem Grund wollen wir in diesem Abschnitt zunächst hilfreiche Formeln für die relevanten Operatoren zusammenfassen und uns dabei insbesondere auf den Spezialfall $\mathbb{S}^1 \subset \mathbb{R}^2$ beziehen.

Nach [8, 10] sind der **Flächengradient**, die **tangentiale Divergenz** und der **Laplace-Beltrami Operator** für eine $\mathcal{C}^\infty$-reguläre $m$-dimensionale Untermannigfaltigkeit $M$, $m \in \{1, \ldots, n-1\}$, im $\mathbb{R}^n$ definiert durch

$$\nabla_M \hat{f}(p) = \nabla \bar{f}(p) - \nabla \bar{f}(p) \cdot \nu(p)\nu(p) \qquad \text{für alle } \hat{f} \in \mathcal{C}^1(M), \qquad (2.12)$$

$$\operatorname{div}_M \hat{X} = \operatorname{tr}\nabla_M \hat{X} \qquad \text{für } \hat{X} \in \mathcal{C}^1(M;\mathbb{R}^n), \qquad (2.13)$$

$$\Delta_M \hat{v} = \operatorname{div}_M(\nabla_M \hat{v}) \qquad \text{für } \hat{v} \in \mathcal{C}^2(M) \qquad (2.14)$$

mit dem kontinuierlichen Einheitsnormalenfeld $\nu : M \to \mathbb{R}^{n+1}$ und einer glatten Erweiterung $\bar{f}$ von $\hat{f} : M \to \mathbb{R}$ auf eine $m$-dimensionale offene Umgebung von $M$, also $\bar{f}|_M = \hat{f}$. Diese Operatoren können mit einer lokalen Parametrisierung $\varphi : U \subset \mathbb{R}^m \to V \subset M$ von $M$ dargestellt werden durch [8, 10]

$$(\nabla_M \hat{f}) \circ \varphi = \mathrm{D}\varphi g^{-1}\nabla(\hat{f} \circ \varphi), \qquad (2.15)$$

$$(\operatorname{div}_M \hat{X}) \circ \varphi = g^{kl}\partial_k\varphi \cdot \partial_l(\hat{X} \circ \varphi), \qquad (2.16)$$

$$(\Delta_M \hat{v}) \circ \varphi = \frac{1}{\sqrt{\det g}} \sum_{i,j=1}^{m} \partial_i\big(\sqrt{\det g}\, g^{ij}\partial_j(\hat{v} \circ \varphi)\big) \qquad (2.17)$$

mit der von $\varphi$ induzierten Metrik $g = \mathrm{D}\varphi^\mathsf{T}\mathrm{D}\varphi \in \mathbb{R}^{m\times m}$. $g^{ij}$ entspricht hierbei den Komponenten der Inversen von $g$. Sei nun außerdem $M$ zusammenhängend, kompakt und ohne Rand, so gelten das Analogon der Greenschen Formeln [8, 10]

$$\int_M (\Delta_M \hat{v})\hat{\eta}\,\mathrm{d}\mu = -\int_M \nabla_M \hat{v} \cdot \nabla_M \hat{\eta}\,\mathrm{d}\mu = \int_M \hat{v}\Delta_M \hat{\eta}\,\mathrm{d}\mu \qquad \text{für alle } \hat{\eta}, \hat{v} \in \mathcal{C}^2(M)$$
$$(2.18)$$

und des Gaußschen Satzes

$$\int_M \hat{\eta}\operatorname{div}_M \hat{X}\,\mathrm{d}\mu = -\int_M \nabla_M \hat{\eta} \cdot \hat{X}\,\mathrm{d}\mu$$
$$\text{für alle } \hat{\eta} \in \mathcal{C}^1(M) \text{ und tang. Vektorf. } \hat{X} \in \mathcal{C}^1(M;\mathbb{R}^n). \qquad (2.19)$$

Für den zweidimensionalen Fall ist eine (lokale) Parametrisierung der Sphäre $\mathbb{S}^1$ gegeben durch die Polarkoordinaten $\varphi : [0, 2\pi) \to \mathbb{S}^1 \subset \mathbb{R}^2$ mit

$$\varphi(\phi) = \mathbf{p}(\phi) = (\cos\phi, \sin\phi)^\mathsf{T}. \qquad (2.20)$$

Damit ergibt sich die induzierte Metrik $g = \sin^2\phi + \cos^2\phi = 1$ sowie

$$(\nabla_\mathbb{S} \hat{f}) \circ \varphi = \begin{pmatrix} -\sin\phi \\ \cos\phi \end{pmatrix} \partial_\phi(\hat{f} \circ \varphi) =: \nabla_\phi(\hat{v} \circ \varphi), \qquad (2.21)$$

$$(\operatorname{div}_\mathbb{S} \hat{X}) \circ \varphi = \begin{pmatrix} -\sin\phi \\ \cos\phi \end{pmatrix} \cdot \partial_\phi(\hat{X} \circ \varphi) =: \operatorname{div}_\phi(\hat{X} \circ \varphi), \qquad (2.22)$$

$$(\Delta_\mathbb{S} \hat{v}) \circ \varphi = \partial_\phi^2(\hat{v} \circ \varphi) =: \Delta_\phi(\hat{v} \circ \varphi). \qquad (2.23)$$

Im weiteren Verlauf der Arbeit werden wir anstelle $\nabla_\mathbb{S}$, $\operatorname{div}_\mathbb{S}$ bzw. $\Delta_\mathbb{S}$ auch $\nabla_\mathbf{p}$, $\operatorname{div}_\mathbf{p}$ bzw. $\Delta_\mathbf{p}$ schreiben.

## 2.3 Fehlerabschätzungen für die abgeschnittene Fourierreihe

Später werden wir uns bei dem Modell zur Simulation der Fokker-Planck-Gleichung (2.10) auf ebene Verteilungsfunktionen konzentrieren. Die Fibern strömen damit im zweidimensionalen Raum $\mathbb{R}^2$ und ihre Orientierungen sind durch die Polarkoordinaten (vergleiche Abbildung 2.1b) mit dem Winkel $\phi$ festgelegt. Es bietet sich daher an, die zugehörige (ortsunabhängige) Verteilungsfunktion $\psi : [0, 2\pi) \to \mathbb{R}$ durch eine Linearkombination aus Fourierbasisfunktionen zu approximieren, welche im Idealfall mit der abgeschnittenen Fourierreihe übereinstimmt. Für Konvergenzaussagen einer solchen Näherung werden wir hierzu an dieser Stelle einige Fehlerabschätzungen der abgeschnittenen Fourierreihe festhalten [15].

Jede quadratintegrable Funktion $u : [0, 2\pi) \to \mathbb{R}$ kann durch ihre eindeutige Fourierreihe dargestellt werden (siehe Abschnitt 3)

$$u(x) = a_0 + \sum_{k=1}^{\infty} \left( a_k \cos(kx) + b_k \sin(kx) \right). \tag{2.24}$$

Zum Abschneiden dieser Reihendarstellung definieren wir für $N_{\mathbf{p}} \in \mathbb{N}_0$ den Operator $\mathcal{P}_{N_{\mathbf{p}}} : \mathcal{L}^2[0, 2\pi) \to \mathcal{L}^2[0, 2\pi)$ durch

$$\mathcal{P}_{N_{\mathbf{p}}} u(x) := a_0 + \sum_{k=1}^{N_{\mathbf{p}}} \left( a_k \cos(kx) + b_k \sin(kx) \right), \tag{2.25}$$

für welchen nach der Definition der Fourierkoeffizienten (3.3) mit der parsevalschen Identität trivialerweise gilt

$$\|u - \mathcal{P}_{N_{\mathbf{p}}} u\|_{\mathcal{L}^2}^2 = \left\| \sum_{k > N_{\mathbf{p}}} a_k \cos(kx) + b_k \sin(kx) \right\|_{\mathcal{L}^2}^2 = \pi \sum_{k > N_{\mathbf{p}}} (a_k^2 + b_k^2). \tag{2.26}$$

Weiter gilt aufgrund der Gleichungen (3.3) für $k \in \mathbb{N}$

$$|a_k| = \begin{cases} \frac{1}{\pi k^q} \left| \int_0^{2\pi} u^{(q)}(x) \cos(kx)\, dx \right| & \text{falls } q \text{ gerade,} \\ \frac{1}{\pi k^q} \left| \int_0^{2\pi} u^{(q)}(x) \sin(kx)\, dx \right| & \text{falls } q \text{ ungerade,} \end{cases} \tag{2.27a}$$

$$|b_k| = \begin{cases} \frac{1}{\pi k^q} \left| \int_0^{2\pi} u^{(q)}(x) \sin(kx)\, dx \right| & \text{falls } q \text{ gerade,} \\ \frac{1}{\pi k^q} \left| \int_0^{2\pi} u^{(q)}(x) \cos(kx)\, dx \right| & \text{falls } q \text{ ungerade} \end{cases} \tag{2.27b}$$

mit der $q$-ten Ableitung $u^{(q)}$ von $u$, $q \in \mathbb{N}_0$. Damit lässt sich eine erste Abschätzung für den Abschneidefehler herleiten [15]

$$\|u - \mathcal{P}_{N_{\mathbf{p}}} u\|_{\mathcal{L}^2} \le C_q N_{\mathbf{p}}^{-q} \|u^{(q)}\|_{\mathcal{L}^2} \tag{2.28}$$

mit einer von $q$ abhängigen Konstanten $C_q$. Falls $u$ analytisch ist, kann die Fehlerabschätzung [30]

$$\|u - \mathcal{P}_{N_{\mathbf{p}}} u\|_{\mathcal{L}^2} \le C_q N_{\mathbf{p}}^{-q} \|u^{(q)}\|_{\mathcal{L}^2} \sim C_q \frac{q!}{N_{\mathbf{p}}^q} \|u\|_{\mathcal{L}^2} \sim C\, e^{-cN_{\mathbf{p}}} \|u\|_{\mathcal{L}^2} \tag{2.29}$$

mit einer weiteren Konstanten $c \neq c(N_p)$ hergeleitet werden, die von der analytischen Lösung $u$ abhängt und damit die exponentielle Konvergenz des Fehlers bei zunehmender Ordnung $N_p$ widerspiegelt. Durch wiederholtes Anwenden der Ungleichung (2.28) gelten außerdem für $0 \leq k \leq l < \infty$ die Eigenschaften [15]

$$\|u - \mathcal{P}_{N_p} u\|_{\mathcal{W}^{k,2}} \leq C_{k,l} N_p^{k-l} \|u\|_{\mathcal{W}^{l,2}}. \tag{2.30}$$

Canuto et al. [7] haben des Weiteren eine punktweise Konvergenz der abgeschnittenen Fourierreihe bewiesen

$$\|u - \mathcal{P}_{N_p} u\|_{\mathcal{L}^\infty} \leq C_q (1 + \log N_p) N_p^{-q} \|u^{(q)}\|_{\mathcal{L}^\infty}. \tag{2.31}$$

Wir werden später im Abschnitt 5 auf die in diesem Abschnitt festgehaltenen Fehlerabschätzungen zurückkommen und dabei die Konvergenz des im Abschnitt 4 hergeleiteten numerischen Verfahrens mit derjenigen der abgeschnittenen Fourierreihe vergleichen. Hierbei sei bereits angemerkt, dass die Konvergenzen (2.28), (2.30) und (2.31) an den von uns untersuchten Beispielen nicht zu erkennen sind und stattdessen die exponentielle Konvergenz (2.29) erfasst werden kann.

# 3 Eigenschaften der Orientierungsverteilungsfunktion

Gegeben sei eine nichtnegative (ortsfeste und zeitunabhängige) Verteilungsfunktion $\psi : \mathbb{S} \to \mathbb{R}_0^+$ mit einer positiven Parität, also $\psi(\mathbf{p}) = \psi(-\mathbf{p})$ für alle $\mathbf{p} \in \mathbb{S}$, aufgrund der Ununterscheidbarkeit der Enden einer Faser. Diese kann im Spezialfall einer ebenen quadratintegrablen Verteilungsfunktion $\psi : [0, 2\pi) \to \mathbb{R}$, also $\mathbb{S} = \mathbb{S}^1 \subset \mathbb{R}^2$, durch ihre eindeutige Fourierreihe dargestellt werden

$$\psi(\phi) = a_0 + \sum_{k=1}^{\infty} \left( a_k \cos(k\phi) + b_k \sin(k\phi) \right). \tag{3.1}$$

Im Verlauf dieses Abschnitts werden wir allgemeine Merkmale einer Verteilungsfunktion beweisen und diese zur Herleitung von Eigenschaften der Fourierkoeffizienten unseres Spezialfalls, einer ebenen Verteilungsfunktion, nutzen. In einem späteren Abschnitt wollen wir mit diesen Ergebnissen ein numerisches Verfahren für „bessere" bzw. „physikkonforme" Approximationen herleiten, welches eine instabile Modellierung des Spannungstensors $\tau_{\text{eff}}$ in den inkompressiblen Navier-Stokes-Gleichungen (2.1) verhindern sollen.

Zunächst einmal halten wir fest, dass die Fourierbasisfunktionen $1, \cos(k\phi), \sin(k\phi)$, $k \in \mathbb{N}$ orthogonal sind, denn es gilt für $k \neq l \in \mathbb{N}$

$$\int_0^{2\pi} 1 \cdot \cos(k\phi) \, \mathrm{d}\phi = 0, \tag{3.2a}$$

$$\int_0^{2\pi} 1 \cdot \sin(k\phi) \, \mathrm{d}\phi = 0, \tag{3.2b}$$

$$\int_0^{2\pi} \cos(k\phi) \cos(l\phi) \, \mathrm{d}\phi = \frac{1}{4} \int_0^{2\pi} (\mathrm{e}^{\mathrm{i}k\phi} + \mathrm{e}^{-\mathrm{i}k\phi})(\mathrm{e}^{\mathrm{i}l\phi} + \mathrm{e}^{-\mathrm{i}l\phi}) \, \mathrm{d}\phi$$

$$= \frac{1}{4} \int_0^{2\pi} \mathrm{e}^{\mathrm{i}(k+l)\phi} + \mathrm{e}^{\mathrm{i}(l-k)\phi} + \mathrm{e}^{\mathrm{i}(k-l)\phi} + \mathrm{e}^{-\mathrm{i}(k+l)\phi} \, \mathrm{d}\phi$$

$$= \frac{1}{4} \left[ \frac{1}{\mathrm{i}(k+l)} \left( \mathrm{e}^{\mathrm{i}(k+l)2\pi} - \mathrm{e}^0 \right) + \frac{1}{\mathrm{i}(l-k)} \left( \mathrm{e}^{\mathrm{i}(l-k)2\pi} - \mathrm{e}^0 \right) \right.$$

$$\left. + \frac{1}{\mathrm{i}(k-l)} \left( \mathrm{e}^{\mathrm{i}(k-l)2\pi} - \mathrm{e}^0 \right) - \frac{1}{\mathrm{i}(k+l)} \left( \mathrm{e}^{-\mathrm{i}(k+l)2\pi} - \mathrm{e}^0 \right) \right] = 0, \tag{3.2c}$$

$$\int_0^{2\pi} \sin(k\phi)\sin(l\phi)\,\mathrm{d}\phi = -\tfrac{1}{4}\int_0^{2\pi}(e^{ik\phi}-e^{-ik\phi})(e^{il\phi}-e^{-il\phi})\,\mathrm{d}\phi$$

$$= -\tfrac{1}{4}\int_0^{2\pi} e^{i(k+l)\phi}-e^{i(l-k)\phi}-e^{i(k-l)\phi}+e^{-i(k+l)\phi}\,\mathrm{d}\phi$$

$$= -\tfrac{1}{4}\left[\tfrac{1}{i(k+l)}\left(e^{i(k+l)2\pi}-e^0\right)-\tfrac{1}{i(l-k)}\left(e^{i(l-k)2\pi}-e^0\right)\right.$$

$$\left. -\tfrac{1}{i(k-l)}\left(e^{i(k-l)2\pi}-e^0\right)-\tfrac{1}{i(k+l)}\left(e^{-i(k+l)2\pi}-e^0\right)\right]=0,$$

$$\text{(3.2d)}$$

$$\int_0^{2\pi}\cos(k\phi)\sin(l\phi)\,\mathrm{d}\phi = \tfrac{1}{4i}\int_0^{2\pi}(e^{ik\phi}+e^{-ik\phi})(e^{il\phi}-e^{-il\phi})\,\mathrm{d}\phi$$

$$= \tfrac{1}{4i}\int_0^{2\pi} e^{i(k+l)\phi}+e^{i(l-k)\phi}-e^{i(k-l)\phi}-e^{-i(k+l)\phi}\,\mathrm{d}\phi$$

$$= \tfrac{1}{4i}\left[\tfrac{1}{i(k+l)}\left(e^{i(k+l)2\pi}-e^0\right)+\tfrac{1}{i(l-k)}\left(e^{i(l-k)2\pi}-e^0\right)\right.$$

$$\left. -\tfrac{1}{i(k-l)}\left(e^{i(k-l)2\pi}-e^0\right)+\tfrac{1}{i(k+l)}\left(e^{-i(k+l)2\pi}-e^0\right)\right]=0.$$

$$\text{(3.2e)}$$

Multiplizieren wir die Gleichung (3.1) mit den Fourierbasisfunktionen und nutzen die Orthogonalitätseigenschaften (3.2) aus, so erhalten wir zur Berechnung der Fourierkoeffizienten die Formeln

$$a_0 = \frac{1}{2\pi}\int_{\mathbb{S}}\psi\,\mathrm{d}\mathbf{p} = \frac{1}{2\pi}\int_0^{2\pi}\psi(\phi)\,\mathrm{d}\phi = \frac{1}{2\pi}\|\psi\|_{\mathcal{L}^1},\tag{3.3a}$$

$$a_k = \frac{1}{\pi}\int_0^{2\pi}\psi(\phi)\cos(k\phi)\,\mathrm{d}\phi,\tag{3.3b}$$

$$b_k = \frac{1}{\pi}\int_0^{2\pi}\psi(\phi)\sin(k\phi)\,\mathrm{d}\phi,\tag{3.3c}$$

unter Verwendung von

$$\int_0^{2\pi} 1^2\,\mathrm{d}\phi = 2\pi,\tag{3.4a}$$

$$\int_0^{2\pi}\cos^2(k\phi)\,\mathrm{d}\phi = \tfrac{1}{2}\int_0^{2\pi}\left(\cos^2(k\phi)+\sin^2(k\phi)\right)\mathrm{d}\phi = \tfrac{2\pi}{2}=\pi,\tag{3.4b}$$

$$\int_0^{2\pi}\sin^2(k\phi)\,\mathrm{d}\phi = \tfrac{1}{2}\int_0^{2\pi}\left(\cos^2(k\phi)+\sin^2(k\phi)\right)\mathrm{d}\phi = \tfrac{2\pi}{2}=\pi.\tag{3.4c}$$

Ist eine beliebige Funktion $f : [0,2\pi) \to \mathbb{R}$ gegeben, so können mit den Gleichungen (3.3) die exakten Fourierkoeffizienten und damit die Fourierreihendarstellung von $f$ berechnet werden. Eine (bestmögliche) Approximation der Funktion $f(\phi) = a_0 + \sum_{k\in\mathbb{N}}a_k\cos(k\phi)+b_k\sin(k\phi)$ ist so durch das Abschneiden der Fourierreihe $\mathcal{P}_{N_p}f(\phi) = a_0 + \sum_{k=1}^{N_p}a_k\cos(k\phi)+b_k\sin(k\phi)$ gegeben. Diese Näherung hat jedoch einen entscheidenden Nachteil gegenüber der in der Numerik häufig verwendeten Approximation mittels Lagrangescher Finite-Elemente: Die Freiheitsgrade einer Fourierapproximation, die durch die Fourierkoeffizienten $a_k$ und $b_k$ gegeben sind, können nicht als Funktionswerte in speziellen Punkten interpretiert werden. Dadurch lässt sich kein trivialer Zusammenhang zwischen einer nichtnegativen Funktion $f$ und ihren Fourierkoeffizienten herstellen und die Überprüfung, ob eine Funktion in ihrer Fourierreihendarstellung nichtnegativ ist, erweist sich als hochgradig komplexes Problem. Hinzu kommt die Tatsache, dass die abgeschnittene Fourierreihe $\mathcal{P}_{N_\mathrm{p}} f$ einer nichtnegativen Funktion $f \geq 0$ nicht zwingend nichtnegativ sein muss. Entsprechende Beispiele sind hierfür in der Abbildung 3.1 dargestellt, wobei die bei der Approximation auftretenden Überschwingungen in der Umgebung von Sprungstellen als **Gibbs'sches Phänomen** bezeichnet werden. Sie zeigen außerdem, dass wir die Nichtnegativität der Fourierapproximation einer Verteilungsfunktion $\psi \geq 0$ nicht verlangen dürfen. Stattdessen wollen wir in diesem Abschnitt Ungleichungen für die Fourierkoeffizienten herleiten, die notwendige Bedingungen für eine nichtnegative Verteilungsfunktion $\psi$ beschreiben.

Die ersten einfachen Abschätzungen an die Fourierkoeffizienten lassen sich bereits aufgrund der Gleichungen (3.3) herleiten

$$|a_k| = \frac{1}{\pi} \left| \int_0^{2\pi} \psi(\phi) \cos(k\phi)\, \mathrm{d}\phi \right|$$
$$\leq \frac{1}{\pi} \int_0^{2\pi} \psi(\phi) |\cos(k\phi)|\, \mathrm{d}\phi \leq \frac{1}{\pi} \int_0^{2\pi} \psi(\phi)\, \mathrm{d}\phi = 2a_0, \tag{3.5a}$$

$$|b_k| = \frac{1}{\pi} \left| \int_0^{2\pi} \psi(\phi) \sin(k\phi)\, \mathrm{d}\phi \right|$$
$$\leq \frac{1}{\pi} \int_0^{2\pi} \psi(\phi) |\sin(k\phi)|\, \mathrm{d}\phi \leq \frac{1}{\pi} \int_0^{2\pi} \psi(\phi)\, \mathrm{d}\phi = 2a_0. \tag{3.5b}$$

Da wir $a_k \cos(k\phi) + b_k \sin(k\phi)$ auch schreiben können als $c_k \cos(k\phi + \kappa)$ mit $c_k = (a_k^2 + b_k^2)^{1/2} \in \mathbb{R}_0^+$ und einer Phasenverschiebung $\kappa \in [0, \frac{2\pi}{k})$, gilt außerdem

$$c_k = \frac{1}{\pi} \left| \int_0^{2\pi} \psi(\phi) \cos(k\phi + \kappa)\, \mathrm{d}\phi \right|$$
$$\leq \frac{1}{\pi} \int_0^{2\pi} \psi(\phi) |\cos(k\phi + \kappa)|\, \mathrm{d}\phi \leq \frac{1}{\pi} \int_0^{2\pi} \psi(\phi)\, \mathrm{d}\phi = 2a_0. \tag{3.5c}$$

Diese Abschätzungen sind bestmöglich. Betrachte dazu etwa die Funktionenfolge der quadratintegrierbaren Funktionen $\psi_\epsilon : [0, 2\pi) \to \mathbb{R}_0^+$ mit $\|\psi_\epsilon\|_{\mathcal{L}^1} = 1$ bzw. $a_0 = \frac{1}{2\pi}$, $\epsilon > 0$, definiert durch

$$\psi_\epsilon(\phi) = \begin{cases} \frac{1}{2\epsilon} & : 0 \leq \phi \leq \epsilon \quad \vee \quad \pi \leq \phi \leq \pi + \epsilon, \\ 0 & : \text{sonst.} \end{cases} \tag{3.6}$$

Dann ergibt sich für alle $k \in \mathbb{N}$ nach der Regel von L'Hospital

$$a_{2k} = \frac{1}{\pi} \int_0^{2\pi} \psi_\epsilon(\phi) \cos(2k\phi)\, \mathrm{d}\phi = \frac{1}{\pi\epsilon} \int_0^{\epsilon} \cos(2k\phi)\, \mathrm{d}\phi$$
$$= \frac{1}{2\pi k\epsilon} \sin(2k\epsilon) \xrightarrow{\epsilon \searrow 0} \frac{1}{\pi} = 2a_0. \tag{3.7}$$

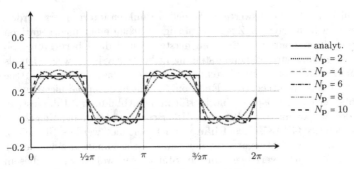

**(a)** $\psi(\phi) = \frac{1}{\pi}$ falls $\phi \in [0, \frac{1}{2}\pi] \cup [\pi, \frac{3}{2}\pi]$, sonst $\psi(\phi) = 0$.

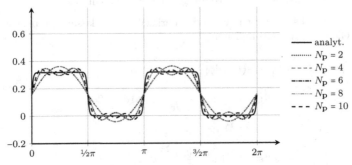

**(b)** $\psi(\phi) = \frac{1}{2\pi} \tanh(10\sin(2\phi))$.

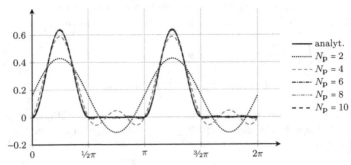

**(c)** $\psi(\phi) = \frac{1}{\pi}(1 - \cos(4\phi))$ falls $\phi \in [0, \frac{1}{2}\pi] \cup [\pi, \frac{3}{2}\pi]$, sonst $\psi(\phi) = 0$.

**Abbildung 3.1:** Veranschaulichungen des Gibbs'schen Phänomens mit unterschiedlichen Fourierapproximationen $\mathcal{P}_{N_p}\psi(\phi) = a_0 + \sum_{k=1}^{N_p} a_k \cos(k\phi) + b_k \sin(k\phi)$.

| Ordnung des | Raumdimension | |
| Tensors | zweidim. | dreidim. |
| --- | --- | --- |
| 2 | 2 | 5 |
| 4 | 4 | 14 |
| 6 | 6 | 27 |
| 8 | 8 | 44 |
| $2m$ | $2m$ | $(2m+3)m$ |

**Tabelle 3.1:** Anzahl unabhängiger Komponenten der Orientierungstensoren unterschiedlicher Ordnung in Abhängigkeit von der Raumdimension.

Weiter gilt für eine ebene Verteilungsfunktion $\psi(\phi)$ mit positiver Parität $a_k = b_k = 0$ für $k \in \mathbb{N}$ ungerade, denn für ein ungerades $k$ haben $\sin(k\phi)$ bzw. $\cos(k\phi)$ und damit auch $\sin(k\phi)\psi(\phi)$ bzw. $\cos(k\phi)\psi(\phi)$ eine negative Parität und das Integral aus (3.3b) bzw. (3.3c) verschwindet.

Wir wollen nun auf Eigenschaften von Orientierungstensoren eingehen, welche mit $\mathbf{p} \in \mathbb{S}^{n-1} \subset \mathbb{R}^n$ und $1 \le i, j, k, l \le n$ definiert sind durch

$$\mathbb{A}_2 = \mathbb{A}_{ij} = \langle \mathbf{p}_i \mathbf{p}_j \rangle = \int_{\mathbb{S}} \mathbf{p}_i \mathbf{p}_j \psi(\mathbf{p}) \, \mathrm{d}\mathbf{p}, \tag{3.8a}$$

$$\mathbb{A}_4 = \mathbb{A}_{ijkl} = \langle \mathbf{p}_i \mathbf{p}_j \mathbf{p}_k \mathbf{p}_l \rangle = \int_{\mathbb{S}} \mathbf{p}_i \mathbf{p}_j \mathbf{p}_k \mathbf{p}_l \psi(\mathbf{p}) \, \mathrm{d}\mathbf{p}, \tag{3.8b}$$

und im Allgemeinen mit $1 \le i_1, \dots, i_m \le n$ durch

$$\mathbb{A}_m = \mathbb{A}_{i_1 \dots i_m} = \langle \mathbf{p}_{i_1} \cdots \mathbf{p}_{i_m} \rangle = \int_{\mathbb{S}} \mathbf{p}_{i_1} \cdots \mathbf{p}_{i_m} \psi(\mathbf{p}) \, \mathrm{d}\mathbf{p}. \tag{3.8c}$$

Die ungeraden Tensoren verschwinden aufgrund der negativen Parität und haben somit keine (physikalische) Bedeutung.

Es ist direkt ersichtlich, dass die Definition unabhängig von der Reihenfolge der Indizes ist, also beispielsweise $\mathbb{A}_{ijkl} = \mathbb{A}_{ijlk}$ gilt. Außerdem enthält jeder Orientierungstensor die Tensoren niedrigerer Ordnung, da $\sum_i \mathbf{p}_i \mathbf{p}_i = 1$ gilt und damit $\sum_j \mathbb{A}_{i_1 \dots i_m jj} = \mathbb{A}_{i_1 \dots i_m}$ folgt [1]. Wir werden im Folgenden die Einsteinsche Summenkonvention verwenden und über doppelt auftretende Indizes summieren. Des Weiteren ergibt die Summe über die Diagonaleinträge des Orientierungstensors zweiter Ordnung, und damit auch eines Orientierungstensors der Ordnung $2m$ für $m \in \mathbb{N}$ beliebig, mit der Gleichung (3.3a)

$$\mathbb{A}_{i_1 i_1 i_2 i_2 \dots i_m i_m} = \mathbb{A}_{i_1 i_1 \dots i_{m-1} i_{m-1}} = \dots = \mathbb{A}_{i_1 i_1} = \int_{\mathbb{S}} \psi(\mathbf{p}) \, \mathrm{d}\mathbf{p} = 2\pi a_0. \tag{3.9}$$

Ein Orientierungstensor der Ordnung $2m$ besitzt aufgrund dieser Eigenschaften $(2m+3)m$ bzw. $2m$ unabhängige Komponenten für eine normierte dreidimensionale bzw. ebene/zweidimensionale Verteilungsfunktion. (siehe Tabelle 3.1).

Wir beschränken uns nun wieder auf den Fall einer ebenen Verteilungsfunktion $\psi : [0, 2\pi) \to \mathbb{R}_0^+$.

**Lemma 3.0.1.** *Der Orientierungstensor* $\mathbb{A}_m$ *der Ordnung* $m \in 2\mathbb{N}$ *hängt nur von den Fourierkoeffizienten* $a_0, \ldots, a_m$ *und* $b_1, \ldots, b_m$ *ab.*

*Beweis.* Zunächst halten wir für $l \in \mathbb{N}, k \in \mathbb{Z}$ fest

$$\int_0^{2\pi} \cos(l\phi)\, e^{ik\phi}\, d\phi = \frac{1}{2} \int_0^{2\pi} \left( e^{i(k+l)\phi} + e^{i(k-l)\phi} \right) d\phi = \pi \delta_{l,|k|}, \tag{3.10a}$$

$$\int_0^{2\pi} \sin(l\phi)\, e^{ik\phi}\, d\phi = \frac{1}{2i} \int_0^{2\pi} \left( e^{i(k+l)\phi} - e^{i(k-l)\phi} \right) d\phi = i\pi (\delta_{l,k} - \delta_{l,-k}). \tag{3.10b}$$

Weiter gilt für $m_1, m_2 \in \mathbb{N}_0$

$$\cos^{m_1}(\phi) \sin^{m_2}(\phi) = 2^{-m_1} (e^{i\phi} + e^{-i\phi})^{m_1} (2i)^{-m_2} (e^{i\phi} - e^{-i\phi})^{m_2}$$

$$= 2^{-m_1} \left( \sum_{k_1=0}^{m_1} \binom{m_1}{k_1} e^{i\phi k_1} e^{i\phi(k_1 - m_1)} \right)$$

$$\cdot 2^{-m_2} i^{m_2} \left( \sum_{k_2=0}^{m_2} \binom{m_2}{k_2} (-1)^{k_2} e^{i\phi k_2} e^{i\phi(k_2 - m_2)} \right)$$

$$= 2^{-m_1 - m_2} i^{m_2} \sum_{k_1=0}^{m_1} \sum_{k_2=0}^{m_2} \binom{m_1}{k_1}\binom{m_2}{k_2} (-1)^{k_2} \tag{3.11}$$

$$\cdot \exp\left(i\phi(2k_1 - m_1 + 2k_2 - m_2)\right)$$

$$= \sum_{k=-m_1-m_2}^{m_1+m_2} d_k^{(m_1, m_2)}\, e^{ik\phi}$$

mit $d_k^{(m_1, m_2)} \in \mathbb{C}$ definiert durch

$$d_{2\hat{k}-m_1-m_2}^{(m_1, m_2)} = \begin{cases} 2^{-m_1-m_2} i^{m_2} \sum_{k_2=\max(0,\hat{k}-m_1)}^{\min(m_2,\hat{k})} \binom{m_1}{\hat{k}-k_2}\binom{m_2}{k_2}(-1)^{k_2} & : \hat{k} \in \mathbb{N}, \\ 0 & : \hat{k} \in \mathbb{N} + 1/2 \end{cases} \tag{3.12}$$

für alle $-m_1 - m_2 \leq k \leq m_1 + m_2$. Damit erhalten wir für $0 \leq m_1, m_2 \leq m$ mit $m_1 + m_2 = m$ und $1 \leq i_1, \ldots, i_m \leq 2$ mit $\sum_k i_k = m_1 + 2m_2$

$$
\begin{aligned}
\mathbb{A}_{i_1,\ldots,i_m} &= \int_{\mathbb{S}^1} \mathbf{p}_1^{m_1} \mathbf{p}_2^{m_2} \psi(\mathbf{p}) \, d\mathbf{p} \\
&= \sum_{k=-m}^{m} d_k^{(m_1,m_2)} \int_0^{2\pi} e^{ik\phi} \, \psi(\phi) \, d\phi \\
&= \sum_{k=-m}^{m} d_k^{(m_1,m_2)} \int_0^{2\pi} e^{ik\phi} \Big( a_0 + \sum_{l=1}^{\infty} a_l \cos(l\phi) + b_l \sin(l\phi) \Big) \, d\phi \\
&= \sum_{k=-m}^{m} d_k^{(m_1,m_2)} \Big( 2\pi \delta_{k,0} a_0 + \sum_{l=1}^{\infty} \pi \delta_{l,|k|} a_l + i\pi (\delta_{l,k} - \delta_{l,-k}) b_l \Big) \qquad (3.13) \\
&= \sum_{k=-m}^{m} d_k^{(m_1,m_2)} \pi \big( 2\delta_{k,0} a_0 + a_{|k|} + i b_k \operatorname{sgn}(k) \big) \\
&= 2\pi d_0^{(m_1,m_2)} a_0 + \pi \sum_{k=1}^{m} d_k^{(m_1,m_2)} \big( (a_k + i b_k) + d_{-k}^{(m_1,m_2)} (a_k - i b_k) \big) \\
&= 2\pi d_0^{(m_1,m_2)} a_0 + 2\pi \sum_{k=1}^{m} \big( \operatorname{Re}(d_k^{(m_1,m_2)}) a_k - \operatorname{Im}(d_k^{(m_1,m_2)}) b_k \big),
\end{aligned}
$$

denn aufgrund des realen Integranden muss gelten $d_k^{(m_1,m_2)} + d_{-k}^{(m_1,m_2)} \in \mathbb{R}$ und $d_k^{(m_1,m_2)} i - d_{-k}^{(m_1,m_2)} i \in \mathbb{R}$, also $d_k^{(m_1,m_2)} = d_{-k}^{(m_1,m_2)*}$. Insgesamt hängt der Tensor $m$-ter Ordnung also nur von den Fourierkoeffizienten bis zur Ordnung $m$ ab. $\qquad \square$

Eine weitere wichtige Eigenschaft der Orientierungstensoren ist deren Definitheit. Zur Untersuchung dieser Eigenschaft verallgemeinern wir zunächst eine Aussage aus [32], in der die positive Definitheit eines Tensors vierter Ordnung definiert ist:

**Definition 3.0.2 ([32]).** *Ein Tensor* $\mathbb{B} \in \mathbb{R}^{n \times n \times n \times n}$, $n \in \mathbb{N}$ *ist genau dann positiv definit, falls*

$$
S_{ij} \mathbb{B}_{ijkl} S_{kl} = \mathbf{S} : (\mathbb{B} : \mathbf{S}) > 0 \qquad \text{für alle } \mathbf{S} \neq \mathbf{0} \in \mathbb{R}^{n \times n} \qquad (3.14a)
$$

*und positiv semidefinit, falls*

$$
S_{ij} \mathbb{B}_{ijkl} S_{kl} = \mathbf{S} : (\mathbb{B} : \mathbf{S}) \geq 0 \qquad \text{für alle } \mathbf{S} \neq \mathbf{0} \in \mathbb{R}^{n \times n} \qquad (3.14b)
$$

*gilt.*

**Definition 3.0.3.** *Ein Tensor* $\mathbb{B} \in \mathbb{R}^{n \times \ldots \times n}$, $n \in \mathbb{N}$, *der Ordnung* $2m$ ($n \times \ldots \times n$ $2m$ *mal*), $m \in \mathbb{N}$, *ist genau dann positiv definit, falls*

$$
S_{i_1 \ldots i_m} \mathbb{B}_{i_1 \ldots i_m j_1 \ldots j_m} S_{j_1 \ldots j_m} = \mathbf{S} : (\mathbb{B} : \mathbf{S}) > 0 \qquad \text{für alle } \mathbf{S} \neq \mathbf{0} \in \mathbb{R}^{n \times \ldots \times n} \qquad (3.15a)
$$

*und positiv semidefinit, falls*

$$
S_{i_1 \ldots i_m} \mathbb{B}_{i_1 \ldots i_m j_1 \ldots j_m} S_{j_1 \ldots j_m} = \mathbf{S} : (\mathbb{B} : \mathbf{S}) \geq 0 \qquad \text{für alle } \mathbf{S} \neq \mathbf{0} \in \mathbb{R}^{n \times \ldots \times n} \qquad (3.15b)
$$

*gilt. Hierbei ist* $\mathbf{S} \in \mathbb{R}^{n \times \ldots \times n}$ *ein Tensor der Ordnung* $m$.

Diese Aussagen lassen sich analog auf die negative (Semi-)Definitheit übertragen.

Die Definition der positiven Definitheit eines Tensors der Ordnung $2m$ kann interpretiert werden als die positive Definitheit einer zu dem Tensor gehörenden Matrix: Seien dazu $l : \{1, \ldots, n\}^m \to \{1, \ldots, n^m\}$ eine bijektive Abbildung, beispielsweise $l(i_1, \ldots, i_m) = i_1 + n(i_2 - 1) + \ldots + n^{m-1}(i_m - 1) \in \{1, \ldots, n^m\}$, so kann $\mathbb{B} \in \mathbb{R}^{n \times \ldots \times n}$ interpretiert werden als Matrix $\tilde{\mathbb{B}} \in \mathbb{R}^{n^m \times n^m}$ und $\mathbf{S} \in \mathbb{R}^{n \times \ldots \times n}$ als Vektor $\mathbf{s} \in \mathbb{R}^{n^m}$

$$
\sum_{\substack{1 \le i_1 \ldots i_m \le n, \\ 1 \le j_1 \ldots j_m \le n}} \mathbf{S}_{i_1 \ldots i_m} \mathbb{B}_{i_1 \ldots i_m j_1 \ldots j_m} \mathbf{S}_{j_1 \ldots j_m}
$$

$$
= \sum_{\substack{1 \le l(i_1 \ldots i_m) \le n^m, \\ 1 \le m(j_1 \ldots j_m) \le n^m}} \mathbf{s}_{l(i_1 \ldots i_m)} \tilde{\mathbb{B}}_{l(i_1 \ldots i_m), m(j_1 \ldots j_m)} \mathbf{s}_{m(j_1 \ldots j_m)}. \tag{3.16}
$$

Die positive Definitheit eines Tensors vierter Ordnung $\mathbb{B}$ nach Definition 3.0.2 ist damit äquivalent zur positiven Definitheit der zugehörigen Matrix $\tilde{\mathbb{B}}$. Aufgrund der Gleichwertigkeit der Definitionen von $\mathbb{B}$ und $\tilde{\mathbb{B}}$ werden wir im Folgenden auf die Tilde $\tilde{\phantom{a}}$ verzichten und einen Tensor $\mathbb{B} \in \mathbb{R}^{n \times \ldots \times n}$ der Ordnung $2m$ gleichzeitig als Matrix $\mathbb{B} \in \mathbb{R}^{n^m \times n^m}$ interpretieren.

Wir wollen nun die zentrale Eigenschaft der Orientierungstensoren bezüglich deren Definitheit festhalten.

**Satz 3.4.** *Jeder Orientierungstensor* $\mathbb{A}_{2m}$ *der Ordnung* $2m$, $m \in \mathbb{N}$, *zu einer nichtnegativen Verteilungsfunktion* $\psi \ge 0$ *ist positiv semidefinit.*

*Beweis.* Es gilt mit einem beliebigen Tensor $\mathbf{S} \in \mathbb{R}^{n \times \ldots \times n}$ der Ordnung $m$

$$
\sum_{1 \le i_1 \ldots i_m j_1 \ldots j_m \le n} \mathbf{S}_{i_1 \ldots i_m} \mathbb{A}_{i_1 \ldots i_m j_1 \ldots j_m} \mathbf{S}_{j_1 \ldots j_m}
$$

$$
= \sum_{1 \le i_1 \ldots i_m \le n} \mathbb{A}_{i_1 \ldots i_m i_1 \ldots i_m} \mathbf{S}_{i_1 \ldots i_m}^2 + 2 \sum_{\substack{1 \le i_1 \ldots i_m j_1 \ldots j_m \le n, \\ (i_1 \ldots i_m) < (j_1 \ldots j_m)}} \mathbb{A}_{i_1 \ldots i_m j_1 \ldots j_m} \mathbf{S}_{i_1 \ldots i_m} \mathbf{S}_{j_1 \ldots j_m}
$$

$$
= \int_{\mathbb{S}^{n-1}} \psi(\mathbf{p}) \sum_{1 \le i_1 \ldots i_m \le n} (\mathbf{p}_{i_1} \cdots \mathbf{p}_{i_m})^2 \mathbf{S}_{i_1 \ldots i_m}^2 \, d\mathbf{p}
$$

$$
+ 2 \int_{\mathbb{S}^{n-1}} \psi(\mathbf{p}) \sum_{\substack{1 \le i_1 \ldots i_m j_1 \ldots j_m \le n, \\ (i_1 \ldots i_m) < (j_1 \ldots j_m)}} \mathbf{p}_{i_1} \cdots \mathbf{p}_{i_m} \mathbf{p}_{j_1} \cdots \mathbf{p}_{j_m} \mathbf{S}_{i_1 \ldots i_m} \mathbf{S}_{j_1 \ldots j_m} \, d\mathbf{p}
$$

$$
= \int_{\mathbb{S}^{n-1}} \psi(\mathbf{p}) \Big( \sum_{1 \le i_1 \ldots i_m \le n} \mathbf{p}_{i_1} \cdots \mathbf{p}_{i_m} \mathbf{S}_{i_1 \ldots i_m} \Big)^2 \, d\mathbf{p} \ge 0, \tag{3.17}
$$

da $\psi \ge 0$ gilt. Dies zeigt die Behauptung. $\qquad\square$

# 3.1 Orientierungstensor zweiter Ordnung

Betrachten wir nun den Orientierungstensor zweiter Ordnung für ebene Verteilungs-funktionen genauer. Dieser ist mit den Formeln (3.12) und (3.13) aus dem Beweis von Lemma 3.0.1 oder den Additionstheoremen für trigonometrische Funktionen und der Orthogonalität (3.2) gegeben durch

$$
\mathbb{A}_2 = \begin{pmatrix} \pi a_0 + \frac{\pi}{2} a_2 & \frac{\pi}{2} b_2 \\ \frac{\pi}{2} b_2 & \pi a_0 - \frac{\pi}{2} a_2 \end{pmatrix} = \frac{\pi}{2} \begin{pmatrix} 2a_0 + a_2 & b_2 \\ b_2 & 2a_0 - a_2 \end{pmatrix}. \tag{3.18}
$$

**Satz 3.1.** *Der Orientierungstensor zweiter Ordnung $\mathbb{A}_2$ besitzt die Eigenwerte $\lambda_\pm = \frac{\pi}{2}(2a_0 \pm c_2)$ und ist damit genau dann positiv semidefinit, falls gilt*

$$
c_2^2 = a_2^2 + b_2^2 \le 4a_0^2. \tag{3.19}
$$

*Beweis.* Das charakteristische Polynom $\chi_{\mathbb{A}_2}$ des Orientierungstensors zweiter Ordnung $\mathbb{A}_2$ lautet mit $\lambda \in \mathbb{R}$

$$
\begin{aligned}
\chi_{\mathbb{A}_2}(\lambda) &= \det(\lambda \mathcal{I} - \mathbb{A}_2) = (\lambda - \pi a_0 - \tfrac{\pi}{2} a_2)(\lambda - \pi a_0 + \tfrac{\pi}{2} a_2) - \tfrac{\pi^2}{4} b_2^2 \\
&= (\lambda - \pi a_0)^2 - \tfrac{\pi^2}{4} a_2^2 - \tfrac{\pi^2}{4} b_2^2 \\
&= (\lambda - \pi a_0)^2 - \tfrac{\pi^2}{4} c_2^2 \\
&= (\lambda - \pi a_0 + \tfrac{\pi}{2} c_2)(\lambda - \pi a_0 - \tfrac{\pi}{2} c_2).
\end{aligned} \tag{3.20}
$$

Damit ist der Tensor zweiter Ordnung genau dann positiv semidefinit, falls $c_2 \le 2a_0$ gilt. $\square$

Der Satz 3.1 unterstreicht damit die Bedingungen (3.5) einer nichtnegativen Vertei-lungsfunktion. Man beachte jedoch, dass wie bereits beschrieben, die abgeschnittene Fourierreihe einer nichtnegativen Verteilungsfunktion nicht zwingend positiv ist (vergleiche auch Abbildung 3.1). Trotz dieser Einschränkungen bleibt die „Masse" der Verteilungsfunktion bei Veränderungen der Fourierkoeffizienten $a_k$ und $b_k$, $k \ge 2$, und insbesondere einem Abschneiden der Fourierreihe erhalten.

Neben dieser Eigenschaft der Eigenwerte von $\mathbb{A}_2$ haben auch die (normierten) Eigenvektoren $\mathbf{v}_+, \mathbf{v}_- \in \mathbb{S}^1$ des Orientierungstensors zweiter Ordnung mit $c_2^2 = a_2^2 + b_2^2 \ne 0$ eine besondere Bedeutung: Sie sind gegeben durch

$$
\mathbf{v}_\pm = \frac{1}{\sqrt{b_2^2 + (a_2 \mp c_2)^2}} \begin{pmatrix} -b_2 \\ a_2 \mp c_2 \end{pmatrix} = \frac{1}{\sqrt{2c_2^2 \mp 2a_2 c_2}} \begin{pmatrix} -b_2 \\ a_2 \mp c_2 \end{pmatrix} \in \mathbb{S}^1, \tag{3.21}
$$

denn es gilt

$$
\begin{aligned}
\mathbb{A}_2 - \lambda_\pm \mathcal{I} &= \frac{\pi}{2} \begin{pmatrix} 2a_0 + a_2 & b_2 \\ b_2 & 2a_0 - a_2 \end{pmatrix} - \frac{\pi}{2} \begin{pmatrix} 2a_0 \pm c_2 & 0 \\ 0 & 2a_0 \pm c_2 \end{pmatrix} \\
&= \frac{\pi}{2} \begin{pmatrix} a_2 \mp c_2 & b_2 \\ b_2 & -a_2 \mp c_2 \end{pmatrix}.
\end{aligned} \tag{3.22}
$$

Weiter existiert ein $\phi_\pm \in [0, \pi)$ mit $\mathbf{p}(\phi_\pm) = \mathbf{v}_\pm$ (modulo Vorzeichen), da $\mathbf{v}_\pm \in \mathbb{S}^1$ gilt. Hiermit kann für die Funktion $\tilde{\psi}(\phi) = a_0 + a_2 \cos(2\phi) + b_2 \sin(2\phi)$ festgehalten werden

$$
\begin{aligned}
\left.\frac{d\tilde{\psi}}{d\phi}\right|_{\phi=\phi_\pm} &= -2a_2 \sin(2\phi_\pm) + 2b_2 \cos(2\phi_\pm) \\
&= -4a_2 \sin(\phi_\pm)\cos(\phi_\pm) + 2b_2\left(\cos^2(\phi_\pm) - \sin^2(\phi_\pm)\right) \\
&= \tfrac{1}{2c_2^2 \mp 2a_2c_2}\left(-4a_2(a_2 \mp c_2)(-b_2) + 2b_2\left(b_2^2 - a_2^2 - c_2^2 \pm 2a_2c_2\right)\right) \\
&= \tfrac{1}{2c_2^2 \mp 2a_2c_2}\left(4a_2^2 b_2 \mp 4a_2 b_2 c_2 - 4a_2^2 b_2 \pm 4a_2 b_2 c_2\right) = 0.
\end{aligned}
\tag{3.23}
$$

Damit beschreiben $\mathbf{v}_-$ und $\mathbf{v}_+$ genau die Extremalstellen der Verteilungsfunktion unter Vernachlässigung der Basisfunktionen $\cos(k\phi)$ und $\sin(k\phi)$ für $k > 2$.

## 3.2 Orientierungstensor vierter Ordnung

Bei der genaueren Untersuchung des Orientierungstensors zweiter Ordnung wurde die Notwendigkeit der natürlichen Bedingungen (3.5) ($k = 2$) für einen positiv semidefiniten Orientierungstensor zweiter Ordnung $\mathbb{A}_2$ ersichtlich. Wir wollen nun weitere Bedingungen an die Fourierkoeffizienten anhand des Orientierungstensors vierter Ordnung herleiten, welcher nach Satz 3.4 ebenfalls positiv semidefinit sein sollte.

Zur Untersuchung benötigen wir zunächst das folgende Lemma.

**Lemma 3.2.1.** *Die reellen Nullstellen* $\lambda_1, \lambda_2, \lambda_3 \in \mathbb{R}$ *eines Polynoms dritten Grades* $p(x) = x^3 - p_2 x^2 + p_1 x - p_0$ *sind genau dann nichtnegativ,* $\lambda_1, \lambda_2, \lambda_3 \geq 0$, *wenn* $p_2, p_1, p_0 \geq 0$ *gilt.*

*Beweis.* Da $\lambda_1, \lambda_2, \lambda_3 \in \mathbb{R}$ die Nullstellen von $p$ sind, kann das Polynom dargestellt werden durch

$$
\begin{aligned}
p(x) &= (x - \lambda_1)(x - \lambda_2)(x - \lambda_3) \\
&= x^3 + (-\lambda_1 - \lambda_2 - \lambda_3)x^2 + (\lambda_1\lambda_2 + \lambda_1\lambda_3 + \lambda_2\lambda_3)x - \lambda_1\lambda_2\lambda_3 \\
&= x^3 - p_2 x^2 + p_1 x - p_0
\end{aligned}
\tag{3.24}
$$

mit $p_2 = \lambda_1 + \lambda_2 + \lambda_3$, $p_1 = \lambda_1\lambda_2 + \lambda_1\lambda_3 + \lambda_2\lambda_3$ und $p_0 = \lambda_1\lambda_2\lambda_3$.

Aus $\lambda_1, \lambda_2, \lambda_3 \geq 0$ folgt direkt $p_2, p_1, p_0 \geq 0$ und die eine Richtung der Aussage.

Für die andere Richtung der Behauptung gelte $p_2, p_1, p_0 \geq 0$. Für den Sonderfall mindestens einer Nullstelle äquivalent zur Null können wir ohne Beschränkung der Allgemeinheit $\lambda_1 = 0$ annehmen. Es gilt direkt $p_0 = \lambda_1\lambda_2\lambda_3 = 0$ und damit

$$
p(x) = x(x^2 - p_2 x + p_1). \tag{3.25}
$$

Die weiteren Nullstellen sind dann gegeben durch

$$\lambda_2 = \frac{p_2}{2} + \sqrt{\frac{p_2^2}{4} - p_1} \geq 0, \tag{3.26a}$$

$$\lambda_3 = \frac{p_2}{2} - \sqrt{\frac{p_2^2}{4} - p_1} \geq \frac{p_2}{2} - \sqrt{\frac{p_2^2}{4}} \geq 0, \tag{3.26b}$$

da alle Nullstellen reell sind und somit $\frac{p_2^2}{4} \geq p_1$ erfüllt ist (Wurzel muss reell sein). Wir wollen nun die Behauptung für $\lambda_1, \lambda_2, \lambda_3 \neq 0$ mit einem Widerspruch zeigen: Ohne Beschränkung der Allgemeinheit sei $\lambda_2 < 0$, dann existiert wegen $p_0 = \lambda_1 \lambda_2 \lambda_3 \geq 0$ genau eine weitere negative und eine positive Nullstelle, also $\lambda_3 < 0$ und $\lambda_1 > 0$. Da $p_2 = \lambda_1 + \lambda_2 + \lambda_3 \geq 0$, gilt $-\lambda_1 \leq \lambda_2 + \lambda_3 < 0$ und

$$\begin{aligned} p_1 &= \lambda_1(\lambda_2 + \lambda_3) + \lambda_2 \lambda_3 = (-\lambda_1)(-\lambda_2 - \lambda_3) + \lambda_2 \lambda_3 \leq -(\lambda_2 + \lambda_3)^2 + \lambda_2 \lambda_3 \\ &= -\lambda_2^2 - \lambda_3^2 - \lambda_2 \lambda_3 \leq -\lambda_2^2 - \lambda_3^2 + \tfrac{1}{2}(\lambda_2^2 + \lambda_3^2) = -\tfrac{1}{2}(\lambda_2^2 + \lambda_3^2) < 0. \end{aligned} \tag{3.27}$$

Dies ist ein Widerspruch zur Voraussetzung $p_1 \geq 0$ und die Behauptung ist gezeigt. $\square$

Mit diesem Lemma können wir Bedingungen an die Fourierkoeffizienten zur positiven Semidefinitheit des Orientierungstensors vierter Ordnung $\mathbb{A}_4$ aufstellen.

**Satz 3.2.** *Der Orientierungstensor vierter Ordnung $\mathbb{A}_4$ zu $\psi(\phi) = a_0 + \sum_{k \in \mathbb{N}} a_k \cos(k\phi) + b_k \sin(k\phi)$ (nicht zwingend nichtnegativ) mit $a_0 \geq 0$ und der Eigenschaft (3.5c) ist genau dann positiv semidefinit, falls gilt*

$$0 \leq 4a_0^3 - 2a_0 c_2^2 - a_0 c_4^2 + a_2^2 a_4 + 2a_2 b_2 b_4 - a_4 b_2^2. \tag{3.28}$$

*Beweis.* $\mathbb{A}_4 \in \mathbb{R}^{4 \times 4}$ ist nach den Formeln (3.12) und (3.13) gegeben durch

$$\mathbb{A}_4 = \frac{\pi}{8} \begin{pmatrix} 6a_0 + 4a_2 + a_4 & 2b_2 + b_4 & 2b_2 + b_4 & 2a_0 - a_4 \\ 2b_2 + b_4 & 2a_0 - a_4 & 2a_0 - a_4 & 2b_2 - b_4 \\ 2b_2 + b_4 & 2a_0 - a_4 & 2a_0 - a_4 & 2b_2 - b_4 \\ 2a_0 - a_4 & 2b_2 - b_4 & 2b_2 - b_4 & 6a_0 - 4a_2 + a_4 \end{pmatrix}. \tag{3.29}$$

Definieren wir nun $\tilde{\lambda} = \frac{\lambda}{\pi}$, so erhalten wir mit $\lambda \in \mathbb{R}$ das charakteristische Polynom der Matrix $\mathbb{A}_4$

$$\begin{aligned} \chi_{\mathbb{A}_4}(\lambda) &= \det(\lambda \mathcal{I} - \mathbb{A}_4) = \det(\pi \tilde{\lambda} \mathcal{I} - \mathbb{A}_4) \\ &= -\tfrac{\pi^4}{16} \tilde{\lambda} \big(4a_0^3 - 20a_0^2 \tilde{\lambda} - 2a_0 a_2^2 - a_0 a_4^2 - 2a_0 b_2^2 - a_0 b_4^2 + 32a_0 \tilde{\lambda}^2 + a_2^2 a_4 \\ &\qquad + 4a_2^2 \tilde{\lambda} + 2a_2 b_2 b_4 + a_4^2 \tilde{\lambda} - a_4 b_2^2 + 4b_2^2 \tilde{\lambda} + b_4^2 \tilde{\lambda} - 16 \tilde{\lambda}^3 \big) \\ &= -\tfrac{\pi^4}{16} \tilde{\lambda} \big(-16 \tilde{\lambda}^3 + 32a_0 \tilde{\lambda}^2 - (20a_0^2 - 4c_2^2 - c_4^2) \tilde{\lambda} \\ &\qquad + 4a_0^3 - 2a_0 c_2^2 - a_0 c_4^2 + a_2^2 a_4 + 2a_2 b_2 b_4 - a_4 b_2^2 \big) \\ &= \pi^4 \tilde{\lambda} \big(\tilde{\lambda}^3 - 2a_0 \tilde{\lambda}^2 + \tfrac{1}{16}(20a_0^2 - 4c_2^2 - c_4^2) \tilde{\lambda} \\ &\qquad - \tfrac{1}{16}(4a_0^3 - 2a_0 c_2^2 - a_0 c_4^2 + a_2^2 a_4 + 2a_2 b_2 b_4 - a_4 b_2^2) \big). \end{aligned} \tag{3.30}$$

Damit ist $\lambda_1 = 0$ eine Nullstelle des charakteristischen Polynoms und ein Eigenwert des Orientierungstensors vierter Ordnung. Weiter ist aufgrund der Symmetrie der Matrix $\mathbb{A}_4$ bereits bekannt, dass die weiteren Nullstellen ebenfalls reell sind. Mit Lemma 3.2.1 folgt dann die Äquivalenz der positiven Semidefinitheit von $\mathbb{A}_4$ zu

$$\begin{cases} 0 \le 2a_0, & \text{(3.31a)} \\ 0 \le 20a_0^2 - 4c_2^2 - c_4^2, & \text{(3.31b)} \\ 0 \le 4a_0^3 - 2a_0c_2^2 - a_0c_4^2 + a_2^2a_4 + 2a_2b_2b_4 - a_4b_2^2. & \text{(3.31c)} \end{cases}$$

Die Bedingung (3.31b) ist durch Eigenschaft (3.5c) erfüllt

$$20a_0^2 - 4c_2^2 - c_4^2 \ge 20a_0^2 - 4(2a_0)^2 - (2a_0)^2 = 0, \qquad (3.32)$$

so dass mit $a_0 \ge 0$ die Behauptung gezeigt ist.                                $\square$

Damit erfüllt nach Satz 3.4 jede nichtnegative Verteilungsfunktion $\psi \ge 0$ die Ungleichung (3.28).

Falls $a_4 = b_4 = 0$ gilt, ist der Orientierungstensor $\mathbb{A}_4$ genau dann positiv semidefinit, falls $c_2 \le \sqrt{2a_0}$ eingehalten wird. Die Abschätzung (3.28) bzw. die positive Semidefinitheit des Orientierungstensors vierter Ordnung liefert so eine zusätzliche, stärkere Einschränkung an die Fourierkoeffizienten als die Ungleichungen (3.5).

## 3.3 Weitere verallgemeinerte Orientierungstensoren

Die Absicht dieses Abschnittes 3 war die Bestimmung natürlicher Beschränkungen für die Fourierkoeffizienten einer nichtnegativen ebenen Orientierungsverteilungsfunktion $\psi : \mathbb{S} \to \mathbb{R}_0^+$. Hierzu konnten wir zunächst sehr direkte Abschätzungen über die Definition der Koeffizienten (3.3) herleiten. Anschließend führten wir die Orientierungstensoren $\mathbb{A}_m$, $m \in 2\mathbb{N}$, ein und konnten deren positive Semidefinitheit unter Verwendung einer nichtnegativen Verteilungsfunktion $\psi$ sicherstellen. Genauere Betrachtungen des Tensors $\mathbb{A}_2$ ergaben die Äquivalenz der positiven Semidefinitheit zur Beschränkung der bereits hergeleiteten Fourierkoeffizienten $a_2$ und $b_2$ durch die Formel $c_2^2 = a_2^2 + b_2^2 \le 4a_0^2$. Außerdem konnte eine zusätzliche Abschätzung für die ersten Fourierkoeffizienten $a_2, b_2, a_4, b_4$ bei der Untersuchung des Orientierungstensors vierter Ordnung $\mathbb{A}_4$ festgehalten werden.

Wir wollen diese Ergebnisse als Motivation für weitere Abschätzungen auf der Grundlage höherer Orientierungstensoren und allgemeinerer Definitionen von Tensoren verwenden. Außerdem setzen wir uns das Ziel, die Beschränkung der Koeffizienten $a_m$ und $b_m$, $m \in 2\mathbb{N}$, durch die Abschätzung (3.5c) in eine direkte Beziehung zu der positiven Semidefinitheit eines noch zu bestimmenden Tensors (zweiter Ordnung) zu bringen. Diese Aussagen werden sich später bei der Untersuchung des (ortsabhängigen) Galerkin-Verfahrens als äußerst hilfreich erweisen.

Die Verbindung zwischen den Fourierkoeffizienten $a_2$ und $b_2$ und dem Orientierungstensor zweiter Ordnung $\mathbb{A}_2$ wurde in Satz 3.1 dokumentiert. Hierzu wurden die Einträge des Tensors ermittelt und unter Verwendung des charakteristischen Polynoms die Eigenwerte bestimmt. Um eine sinngemäße Aussage für weitere Koeffizienten zu erhalten, liegt aufgrund der analogen Definition der Fourierkoeffizienten durch die Formeln (3.3) die Einführung des Tensors $\mathbb{B}_2^{(m)} \in \mathbb{R}^{2 \times 2}$, $m \in 2\mathbb{N}$, bestimmt durch

$$\mathbb{B}_{1,1}^{(m)} = \int_0^{2\pi} \cos(\tfrac{m}{2}\phi)\cos(\tfrac{m}{2}\phi)\psi(\phi)\,\mathrm{d}\phi, \tag{3.33a}$$

$$\mathbb{B}_{1,2}^{(m)} = \int_0^{2\pi} \cos(\tfrac{m}{2}\phi)\sin(\tfrac{m}{2}\phi)\psi(\phi)\,\mathrm{d}\phi, \tag{3.33b}$$

$$\mathbb{B}_{2,1}^{(m)} = \int_0^{2\pi} \sin(\tfrac{m}{2}\phi)\cos(\tfrac{m}{2}\phi)\psi(\phi)\,\mathrm{d}\phi, \tag{3.33c}$$

$$\mathbb{B}_{2,2}^{(m)} = \int_0^{2\pi} \sin(\tfrac{m}{2}\phi)\sin(\tfrac{m}{2}\phi)\psi(\phi)\,\mathrm{d}\phi \tag{3.33d}$$

nahe. Mit den Additionstheoremen für trigonometrische Funktionen und der Orthogonalität der Fourierbasisfunktionen besitzt dieser die zu dem Orientierungstensor zweiter Ordnung sinngemäßen Einträge

$$\mathbb{B}_2^{(m)} = \begin{pmatrix} \pi a_0 + \tfrac{\pi}{2}a_m & \tfrac{\pi}{2}b_m \\ \tfrac{\pi}{2}b_m & \pi a_0 - \tfrac{\pi}{2}a_m \end{pmatrix} = \frac{\pi}{2}\begin{pmatrix} 2a_0 + a_m & b_m \\ b_m & 2a_0 - a_m \end{pmatrix}. \tag{3.34}$$

Analog zu dem Beweis von Satz 3.1 kann so die Äquivalenz der positiven Semidefinitheit des Tensors $\mathbb{B}_2^{(m)}$ zu der Abschätzung $c_m \leq 2a_0$ hergeleitet werden.

Diese Verallgemeinerung des Orientierungstensors zweiter Ordnung (es gilt $\mathbb{B}_2^{(2)} = \mathbb{A}_2$) kann entsprechend zur Definition eines Tensors vierter Ordnung $\mathbb{B}_4^{(m)} \in \mathbb{R}^{2 \times 2 \times 2 \times 2}$, $m \in 2\mathbb{N}$, mit den Einträgen

$$\mathbb{B}_4^{(m)} = \frac{\pi}{8}\begin{pmatrix} 6a_0 + 4a_m + a_{2m} & 2b_m + b_{2m} & 2b_m + b_{2m} & 2a_0 - a_{2m} \\ 2b_m + b_{2m} & 2a_0 - a_{2m} & 2a_0 - a_{2m} & 2b_m - b_{2m} \\ 2b_m + b_{2m} & 2a_0 - a_{2m} & 2a_0 - a_{2m} & 2b_m - b_{2m} \\ 2a_0 - a_{2m} & 2b_m - b_{2m} & 2b_m - b_{2m} & 6a_0 - 4a_m + a_{2m} \end{pmatrix} \tag{3.35}$$

verwendet werden. $\mathbb{B}_4^{(m)}$ ist somit wie im Beweis von Satz 3.4 ebenfalls für alle $m \in 2\mathbb{N}$ positiv semidefinit und mit dem charakteristischen Polynom lassen sich die zusätzlichen Abschätzungen

$$0 \leq 4a_0^3 - 2a_0 c_m^2 - a_0 c_{2m}^2 + a_m^2 a_{2m} + 2a_m b_m b_{2m} - a_{2m} b_m^2 \tag{3.36}$$

für die Fourierkoeffizienten $a_m, b_m, a_{2m}$ und $b_{2m}$ herleiten.

Diese Analysen ergeben die Gesamtheit aller möglichen Abschätzungen für die Fourierkoeffizienten einer nichtnegativen (ebenen) Wahrscheinlichkeitsverteilungsfunktion $\psi(\mathbf{p}, t)$, die aus den Orientierungstensoren zweiter und vierter Ordnung (und entsprechenden Verallgemeinerungen) gewonnen werden können. Für zusätzliche Beschränkungen ist die Untersuchung der weiteren Orientierungstensoren eine einleuchtende Konsequenz. Um kongruent zu der Vorgehensweise beim Orientierungstensor vierter Ordnung $\mathbb{A}_4$ in Abschnitt 3.2 vorgehen und um die Berechnung der exakten analytischen Eigenwerte umgehen zu können, sind wir auf eine verallgemeinerte Aussage des Lemmas 3.2.1 angewiesen. Für dessen Beweis halten wir zunächst den folgenden Satz fest [3, 5].

**Satz 3.1** *(Vorzeichenregel von Descartes). Sei* $p(x) = p_n x^n + p_{n-1} x^{n-1} + \ldots + p_0$ *ein Polynom mit reellen Koeffizienten, s die Anzahl der Vorzeichenwechsel (benachbarter nichtverschwindender Einträge) der Folge* $(p_n, \ldots, p_0)$ *und t die Anzahl (echt) positiver Nullstellen des Polynoms. Dann ist die Differenz s − t eine nichtnegative gerade Zahl.*

*Ein Vorzeichenwechsel liegt genau dann in der Sequenz* $(p_0, \ldots, p_n)$ *vor, wenn* $p_i p_j < 0$ *für* $j = i + 1$ *oder* $j > i + 1$ *mit* $p_k = 0$ *für alle* $i < k < j$ *gilt.*

Unter Verwendung dieses Satzes lässt sich die Verallgemeinerung von Lemma 3.2.1 einfach beweisen.

**Lemma 3.3.2.** *Das Polynom* $p(x) = p_n x^n + p_{n-1} x^{n-1} + \ldots + p_0$ *mit* $p_k \in \mathbb{R}$, $0 \leq k \leq n$, *besitze ausschließlich reelle Nullstellen. Diese sind genau dann nichtnegativ, wenn* $(-1)^k p_k \geq 0$ *für alle* $0 \leq k \leq n$ *oder* $(-1)^k p_k \leq 0$ *für alle* $0 \leq k \leq n$ *gilt.*

*Beweis.* Es gelte zunächst eine der beiden Ungleichungen. Ohne Beschränkung der Allgemeinheit können wir uns auf die Bedingung $(-1)^k p_k \geq 0$ für alle $0 \leq k \leq n$ konzentrieren, da die Nullstellen des Polynoms bei einer Multiplikation mit $(-1)$ identisch bleiben. Definieren wir nun das Polynom $\tilde{p}(x) = \tilde{p}_n x^n + \tilde{p}_{n-1} x^{n-1} + \ldots + \tilde{p}_0$ durch $\tilde{p}(x) = p(-x)$ für alle $x \in \mathbb{R}$, so gilt

$$\tilde{p}_k = (-1)^k p_k \geq 0 \qquad \text{für alle } 0 \leq k \leq n. \tag{3.37}$$

und die Folge der Koeffizienten $(\tilde{p}_n, \ldots, \tilde{p}_0)$ des Polynoms $\tilde{p}$ besitzt keinen Vorzeichenwechsel. Der Satz 3.1 liefert anschließend, dass $\tilde{p}$ keine positive und $p$ keine negative Nullstelle besitzt.

Die Rückrichtung des Beweises ist trivialerweise erfüllt. $\qquad\square$

Mit diesem wichtigen Resultat können nun weitere Abschätzungen an die Fourierkoeffizienten zur Gewährleistung positiv semidefiniter Orientierungstensoren festgehalten werden. Hierzu ermittelt man (analytisch) die Einträge des Orientierungstensors $\mathbb{A}_m$ in Abhängigkeit von den Fourierkoeffizienten mit den Formeln (3.12) und (3.13) und berechnet anschließend das charakteristische Polynom. Aufgrund der positiven Semidefinitheit des Orientierungstensors nach Satz 3.4 können mit dem Lemma 3.3.2 Abschätzungen für die Fourierkoeffizienten abgelesen werden. Hierbei bedarf es nicht der expliziten Herleitung der Eigenwerte des Tensors. Obwohl der Orientierungstensor $\mathbb{A}_m$ der Ordnung $m \in 2\mathbb{N}$ nach Lemma 3.0.1

ausschließlich von den Koeffizienten $a_0, \ldots, a_m$ und $b_1, \ldots, b_m$ abhängt, muss von einer ansteigenden Komplexität der Ungleichungen aufgrund der Determinantenberechnung ausgegangen werden. Diese Ungleichungen können selbstverständlich wie bei der Einführung der Tensoren $\mathbb{B}_2^{(k)}$ und $\mathbb{B}_4^{(k)}$ auf höhere Koeffizienten übertragen werden.

Neben der Herleitung der positiv semidefiniten Orientierungstensoren $\mathbb{A}_m$ und deren verwandter Tensoren $\mathbb{B}_m^{(k)}$ kann die Beweistechnik von Satz 3.4 auch auf „unregelmäßige" Tensoren übertragen werden. Hierzu betrachten wir beispielhaft den Tensor $\widehat{B} \in \mathbb{R}^{2 \times 2}$ definiert durch

$$
\begin{aligned}
\widehat{\mathbb{B}} &= \int_0^{2\pi} \begin{pmatrix} \cos(3\phi)\cos(3\phi) & \cos(3\phi)\sin(\phi) \\ \sin(\phi)\cos(3\phi) & \sin(\phi)\sin(\phi) \end{pmatrix} \psi(\phi)\, d\phi \\
&= \frac{1}{2} \int_0^{2\pi} \begin{pmatrix} 1 + \cos(6\phi) & \sin(4\phi) - \sin(2\phi) \\ \sin(4\phi) - \sin(2\phi) & 1 - \cos(2\phi) \end{pmatrix} \psi(\phi)\, d\phi \quad (3.38) \\
&= \frac{\pi}{2} \begin{pmatrix} 2a_0 + a_6 & b_4 - b_2 \\ b_4 - b_2 & 2a_0 - a_2 \end{pmatrix} = \begin{pmatrix} \pi a_0 + \frac{\pi}{2}a_6 & \frac{\pi}{2}b_4 - \frac{\pi}{2}b_2 \\ \frac{\pi}{2}b_4 - \frac{\pi}{2}b_2 & \pi a_0 - \frac{\pi}{2}a_2 \end{pmatrix}.
\end{aligned}
$$

Damit ergibt sich das charakteristische Polynom des Tensors $\widehat{\mathbb{B}}$ mit $\lambda \in \mathbb{R}$ und $\tilde{\lambda} = \frac{\lambda}{\pi}$

$$
\begin{aligned}
\chi_{\widehat{\mathbb{B}}}(\lambda) &= \det(\lambda \boldsymbol{\mathcal{I}} - \widehat{\mathbb{B}}) = \det(\pi \tilde{\lambda} \boldsymbol{\mathcal{I}} - \widehat{\mathbb{B}}) \\
&= \frac{\pi^2}{4} \left[ (2\tilde{\lambda} - 2a_0 - a_6)(2\tilde{\lambda} - 2a_0 + a_2) - (b_4 - b_2)^2 \right] \\
&= \frac{\pi^2}{4} \left[ 4(\tilde{\lambda} - a_0)^2 + 2(\tilde{\lambda} - a_0)a_2 - (2\tilde{\lambda} - 2a_0 + a_2)a_6 - (b_4 - b_2)^2 \right] \\
&= \frac{\pi^2}{4} \left[ 4\tilde{\lambda}^2 - (8a_0 - 2a_2 + 2a_6)\tilde{\lambda} + 4a_0^2 - 2a_0a_2 + 2a_0a_6 - a_2a_6 - (b_4 - b_2)^2 \right].
\end{aligned}
$$
$$(3.39)$$

Wenden wir nun das Lemma 3.3.2 auf das Polynom aus der Gleichung (3.39) an, so liefert dies die folgenden Abschätzungen für die Fourierkoeffizienten einer nichtnegativen Verteilungsfunktion $\psi$

$$
\begin{cases} 0 \leq 8a_0 - 2a_2 + 2a_6, & (3.40a) \\ 0 \leq 4a_0^2 - 2a_0a_2 + 2a_0a_6 - a_2a_6 - (b_4 - b_2)^2. & (3.40b) \end{cases}
$$

Beachte hierzu, dass der führende Koeffizient des charakteristischen Polynoms $\chi_{\widehat{\mathbb{B}}}$ bereits positiv ist und damit die Vorzeichen der weiteren Koeffizienten nach Lemma 3.3.2 eindeutig festgelegt werden. Die Ungleichung (3.40a) wird hierbei bereits durch die Bedingungen (3.5) erfüllt, sodass wir als „neue" Einschränkung an die Fourierkoeffizienten die Formel (3.40b) festhalten können.

Durch die in diesem Abschnitt hergeleiteten Techniken lassen sich auf der Grundlage positiv semidefiniter Tensoren und des Lemmas 3.3.2 massenhaft Abschätzungen an die Fourierkoeffizienten einer nichtnegativen Verteilungsfunktion $\psi \geq 0$ ermitteln. Werden diese verletzt, so kann die Fourierapproximation nicht durch eine Linearkombination zusätzlicher Fourierbasisfunktionen zu einer quadratintegrablen nichtnegativen Funktion ergänzt werden. Auf der anderen Seite werden die Abschätzungen bei aufwendigeren Tensoren zunehmend komplexer und eine numerische Einhaltung ist kaum umzusetzen.

Aus diesem Grund konzentrieren wir uns in dem nächsten Abschnitt 4 bei der Herleitung einer Methode zur Simulation der Fokker-Planck-Gleichung (2.10) auf die unkomplizierten Abschätzungen (3.5) sowie die Einhaltung positiv semidefiniter Orientierungstensoren zweiter und vierter Ordnung. Hierbei sei noch einmal angemerkt, dass der positiv semidefinite Orientierungstensor zweiter Ordnung $\mathbb{A}_2$ äquivalent zur Einhaltung der Ungleichung (3.5c) für $c_2 = (a_2^2 + b_2^2)^{1/2}$ ist und die Aussage somit bereits durch die Abschätzungen (3.5) mitgeliefert wird.

Die Gewährleistung positiv semidefiniter Orientierungstensoren zweiter und vierter Ordnung ist aufgrund der Präsenz in der Formel (2.11) für den effektiven Spannungstensor $\tau_{\text{eff}}$ besonders wichtig. Werden diese Bedingungen nicht eingehalten, kann ein unphysikalischer antidiffusiver Term entstehen, der ein instabiles Verfahren und damit mögliche Divergenzen erzeugt.

# 4 Galerkin-Verfahren zur Diskretisierung der Fokker-Planck-Gleichung

In diesem Abschnitt wollen wir ein numerisches Verfahren zur Lösung der Fokker-Planck-Gleichung (2.10) herleiten. Dazu teilen wir zunächst die Differentialgleichung in zwei unabhängige Differentialgleichungen für den Ort und die Orientierung auf (siehe Abschnitt 4.1), die wir im Anschluss separat genauer untersuchen werden. Dazu wird ein besonderes Augenmerk auf den Erhalt der im Abschnitt 3 hergeleiteten physikalischen Eigenschaften gelegt.

## 4.1 Trennung der Variablen

Aufgrund der sehr unterschiedlichen Eigenschaften der Variablen $\mathbf{x}$ und $\mathbf{p}$ bietet sich bei der Behandlung der Fokker-Planck-Gleichung (2.10) ein „operator splitting" an, um die ortsabhängigen und orientierungsabhängigen Operatoren getrennt behandeln zu können: Der lineare Operator $\mathcal{L}$ der Fokker-Planck-Gleichung $\partial_t \psi + \mathcal{L}\psi = 0$ kann hierzu geschrieben werden als

$$\mathcal{L}\cdot = \operatorname{div}_{\mathbf{x}}(\mathbf{u}\cdot) + \operatorname{div}_{\mathbf{p}}(\dot{\mathbf{p}}\cdot) - \Delta_{\mathbf{p}}(D_r \cdot) = \mathcal{L}_{\mathbf{x}} \cdot + \mathcal{L}_{\mathbf{p}} \cdot . \tag{4.1}$$

mit dem ortsabhängigen Operator $\mathcal{L}_{\mathbf{x}}$ und dem orientierungsabhängigen Operator $\mathcal{L}_{\mathbf{p}}$ definiert durch

$$\mathcal{L}_{\mathbf{x}} \cdot = \operatorname{div}_{\mathbf{x}}(\mathbf{u}\cdot), \tag{4.2a}$$

$$\mathcal{L}_{\mathbf{p}} \cdot = \operatorname{div}_{\mathbf{p}}(\dot{\mathbf{p}}\cdot) - \Delta_{\mathbf{p}}(D_r \cdot). \tag{4.2b}$$

Zur Behandlung der Fokker-Planck-Gleichung (2.10) auf dem Zeitintervall $I = (0,T)$ mit der Anfangsbedingung $\psi(0) = \psi_0$ lösen wir nun die folgenden Probleme

$$\frac{\partial \psi^{(\mathbf{p})}}{\partial t} + \mathcal{L}_{\mathbf{p}}\psi^{(\mathbf{p})} = 0 \quad \text{in } (t^n, t^{n+1}) \quad \text{mit} \quad \psi^{(\mathbf{p})}(t^n) = \psi^n, \tag{4.3a}$$

$$\frac{\partial \psi^{(\mathbf{x})}}{\partial t} + \mathcal{L}_{\mathbf{x}}\psi^{(\mathbf{x})} = 0 \quad \text{in } (t^n, t^{n+1}) \quad \text{mit} \quad \psi^{(\mathbf{x})}(t^n) = \psi^{(\mathbf{p})}(t^{n+1}) \tag{4.3b}$$

zu den Zeitschritten $t^0 = 0 < t^1 < \ldots < t^M = T$ und dem Anfangswert $\psi^0 = \psi_0$ bei einer gegebenen Anfangsverteilung $\psi_0$. Dann approximiert $\psi^{(\mathbf{x})}(t^{n+1})$ die Lösung der Fokker-Planck-Gleichung (2.10) zum Zeitpunkt $t^{n+1}$, also $\psi^{n+1} = \psi^{(\mathbf{x})}(t^{n+1}) \approx \psi(t^{n+1})$.

Des Weiteren verwenden wir einen Separationsansatz, um die Orts- und Orientierungskomponenten getrennt betrachten zu können

$$\psi(\mathbf{x}, \mathbf{p}, t) = \sum_{i,j} \psi_{i,j}(t)\sigma_i(\mathbf{x})\varrho_j(\mathbf{p}) \quad \in \quad V = \mathrm{span}\{\sigma_i\varrho_j\} = \mathrm{span}\{\sigma_i\} \otimes \mathrm{span}\{\varrho_j\}.$$
(4.4)

Hierbei sind $\psi_{i,j}(t) \in \mathbb{R}$ zeitabhängige Koeffizienten sowie $\sigma_i : \mathbb{R}^n \to \mathbb{R}$ und $\varrho_j : \mathbb{R}^{n-1} \to \mathbb{R}$ zunächst noch beliebige ortsabhängige bzw. orientierungsabhängige Basisfunktionen. Setzen wir dies in die Differentialgleichungen (4.3) ein, so erhalten wir

$$0 = \sum_{i,j} \sigma_i(\mathbf{x}) \left[ \dot{\psi}_{i,j}(t)\varrho_j(\mathbf{p}) + \psi_{i,j}(t) \left( \mathrm{div}_{\mathbf{p}}(\dot{\mathbf{p}}\varrho_j(\mathbf{p})) - \Delta_{\mathbf{p}}(D_r\varrho_j(\mathbf{p})) \right) \right], \quad (4.5a)$$

$$0 = \sum_{i,j} \varrho_j(\mathbf{p}) \left[ \dot{\psi}_{i,j}(t)\sigma_i(\mathbf{x}) + \psi_{i,j}(t)\mathrm{div}_{\mathbf{x}}(\mathbf{u}\sigma_i(\mathbf{x})) \right]. \quad (4.5b)$$

Diese Differentialgleichungen wollen wir nun mit dem Galerkin-Verfahren numerisch behandeln: Dazu multiplizieren wir (4.5) zunächst mit einer beliebigen Testfunktion $v(\mathbf{x}, \mathbf{p}) \in V$ und integrieren über die Orts- und Orientierungsvariable

$$0 = \int_\Omega \int_{\mathbb{S}} v(\mathbf{x}, \mathbf{p}) \sum_{i,j} \sigma_i(\mathbf{x}) \left[ \dot{\psi}_{i,j}(t)\varrho_j(\mathbf{p}) \right.$$
$$\left. + \psi_{i,j}(t) \left( \mathrm{div}_{\mathbf{p}}(\dot{\mathbf{p}}\varrho_j(\mathbf{p})) - \Delta_{\mathbf{p}}(D_r\varrho_j(\mathbf{p})) \right) \right] \mathrm{d}\mathbf{p}\,\mathrm{d}\mathbf{x}, \quad (4.6a)$$

$$0 = \int_\Omega \int_{\mathbb{S}} v(\mathbf{x}, \mathbf{p}) \sum_{i,j} \varrho_j(\mathbf{p}) \left[ \dot{\psi}_{i,j}(t)\sigma_i(\mathbf{x}) + \psi_{i,j}(t)\mathrm{div}_{\mathbf{x}}(\mathbf{u}\sigma_i(\mathbf{x})) \right] \mathrm{d}\mathbf{p}\,\mathrm{d}\mathbf{x}. \quad (4.6b)$$

Zur Semidiskretisierung dieser schwachen Formulierung (4.6) für ebene Verteilungsfunktionen verwenden wir nun anstelle des unendlichdimensionalen Vektorraums $V$ einen endlichdimensionalen Vektorraum $V_{h,N_{\mathbf{p}}} = V_h \otimes V_{N_{\mathbf{p}}} \subset V$: Hierzu definieren wir die Fourierbasisfunktionen $\varrho_j : [0, 2\pi) \to \mathbb{R}$, $j \in \mathbb{N}_0$, aufgrund der positiven Parität einer Verteilungsfunktion durch $\varrho_{2j}(\phi) = \cos(2j\phi)$ für $j \in \mathbb{N}_0$ und $\varrho_{2j-1}(\phi) = \sin(2j\phi)$ für $j \in \mathbb{N}$. Dadurch lässt sich ein möglicher endlichdimensionaler Vektorraum $V_{N_{\mathbf{p}}}$ für die Orientierungsvariable $\mathbf{p}$ bzw. $\phi$ definieren durch

$$V_{N_{\mathbf{p}}} = \mathrm{span}\{\varrho_j : 0 \le j \le 2N_{\mathbf{p}}\} \quad \text{für } N_{\mathbf{p}} \in 2\mathbb{N}_0. \quad (4.7)$$

$V_{N_{\mathbf{p}}}$ beinhaltet damit (für gerades $N_{\mathbf{p}} \in 2\mathbb{N}_0$) alle Linearkombinationen von Fourierbasisfunktionen bis $\varrho_{2N_{\mathbf{p}}-1}(\phi) = \sin(N_{\mathbf{p}}\phi)$ und $\varrho_{2N_{\mathbf{p}}}(\phi) = \cos(N_{\mathbf{p}}\phi)$. Den endlichdimensionalen Vektorraum $V_h$ zur Ortsvariablen $\mathbf{x}$ definieren wir als den Raum der linearen bzw. bilinearen Finite-Elemente zu einer Triangulierung $\mathcal{T}_h$ des Gebiets $\Omega$ mit der Gitterweite $h$ und den Basisfunktionen $\sigma_i(\mathbf{x})$, $1 \le i \le N_{\mathbf{x}}$.

Aufgrund der Linearität der Differentialgleichungen (4.6) in $v$ ist das Testen mit einer beliebigen Funktion $v \in V_{h,N_{\mathbf{p}}}$ äquivalent zum Testen mit $v_{k,l} = \varrho_k\sigma_l \in V_{h,N_{\mathbf{p}}}$

für alle $0 \le k \le 2N_\mathbf{p}$, $1 \le l \le N_\mathbf{x}$. Dadurch ergibt sich die folgende Semidiskretisierung der schwachen Formulierung (4.6)

$$0 = \sum_{i,j} \int_\Omega \sigma_l(\mathbf{x})\sigma_i(\mathbf{x}) \int_0^{2\pi} \varrho_k(\phi) \left[ \dot{\psi}_{i,j}(t)\varrho_j(\phi) + \psi_{i,j}(t) \left( \mathrm{div}_\phi(\dot{\mathbf{p}}\varrho_j(\phi)) \right. \right.$$

$$\left. \left. -\Delta_\phi(D_r\varrho_j(\phi))) \right] \mathrm{d}\phi\,\mathrm{d}\mathbf{x}, \tag{4.8a}$$

für alle $0 \le k \le 2N_\mathbf{p}$, $1 \le l \le N_\mathbf{x}$,

$$0 = \sum_{i,j} \int_0^{2\pi} \varrho_k(\phi)\varrho_j(\phi)\,\mathrm{d}\phi \int_\Omega \sigma_l(\mathbf{x}) \left[ \dot{\psi}_{i,j}(t)\sigma_i(\mathbf{x}) + \psi_{i,j}(t)\mathrm{div}_\mathbf{x}(\mathbf{u}\sigma_i(\mathbf{x})) \right] \mathrm{d}\mathbf{x}$$

für alle $0 \le k \le 2N_\mathbf{p}$, $1 \le l \le N_\mathbf{x}$.

$$\tag{4.8b}$$

Die ortsabhängige Differentialgleichung (4.8b) vereinfacht sich aufgrund der Orthogonalität (3.2) der Fourierbasisfunktionen $\varrho_k$ zu

$$0 = \sum_i \int_\Omega \sigma_l(\mathbf{x}) \left[ \dot{\psi}_{i,k}(t)\sigma_i(\mathbf{x}) + \psi_{i,k}(t)\mathrm{div}_\mathbf{x}(\mathbf{u}\sigma_i(\mathbf{x})) \right] \mathrm{d}\mathbf{x}$$

$$\tag{4.9}$$

für alle $0 \le k \le 2N_\mathbf{p}$, $1 \le l \le N_\mathbf{x}$.

Damit kann die differentiell-algebraische Gleichung (4.9) für alle $0 \le k \le 2N_\mathbf{p}$ unabhängig voneinander gelöst werden. Diese Annehmlichkeit ist bei der Differentialgleichung (4.8b) ohne weiteres nicht gegeben, da die stückweise linearen Basisfunktionen $\sigma_i$ im Ort nur „fast orthogonal" sind. Verwenden wir jedoch zur Quadratur des örtlichen Integrals in Gleichung (4.8b) auf jedem Element $T \in \mathcal{T}_h$ der Triangulierung $\mathcal{T}_h$ die Trapezregel (Stichwort „mass lumping"), so lässt sich diese Eigenschaft auf die orientierungsabhängige Differentialgleichung übertragen

$$0 = \sum_j \int_0^{2\pi} \varrho_k(\phi) \left[ \dot{\psi}_{l,j}(t)\varrho_j(\phi) + \psi_{l,j}(t) \left( \mathrm{div}_\phi(\dot{\mathbf{p}}\varrho_j(\phi)) - \Delta_\phi(D_r\varrho_j(\phi)) \right) \right] \mathrm{d}\phi$$

für alle $0 \le k \le 2N_\mathbf{p}$, $1 \le l \le N_\mathbf{x}$.

$$\tag{4.10}$$

Hierbei beachte man, dass der Geschwindigkeitsgradient $\nabla_\mathbf{x}\mathbf{u}$, welcher implizit in $\dot{\mathbf{p}}$ und $D_r$ auftaucht, aufgrund der Trapezregel in dem zum Index $l$ gehörenden Knoten ausgewertet wird.

Die differentiell-algebraischen Gleichungen (4.9) und (4.10) entsprechen nun den Semidiskretisierungen zweier unabhängiger Differentialgleichungen, welche wir im Weiteren genauer untersuchen wollen. Dazu konzentrieren wir uns zunächst auf die ortsunabhängige Fokker-Planck-Gleichung

$$\frac{\partial\psi(\mathbf{p},t)}{\partial t} + \mathcal{L}_\mathbf{p}\psi(\mathbf{p},t) = \frac{\partial\psi(\mathbf{p},t)}{\partial t} + \mathrm{div}_\mathbf{p}\left(\dot{\mathbf{p}}\psi(\mathbf{p},t)\right) - \Delta_\mathbf{p}\left(D_r\psi(\mathbf{p},t)\right) = 0 \tag{4.11}$$

und stellen anschließend eine geeignete Behandlung der orientierungsunabhängigen Konvektionsgleichung

$$\frac{\partial \psi(\mathbf{x},t)}{\partial t} + \mathcal{L}_\mathbf{x} \psi(\mathbf{x},t) = \frac{\partial \psi(\mathbf{x},t)}{\partial t} + \mathrm{div}_\mathbf{x}\left(\mathbf{u}\psi(\mathbf{x},t)\right) = 0 \qquad (4.12)$$

vor.

## 4.2  Behandlung der ortsunabhängigen Fokker-Planck-Gleichung

Im vorherigen Abschnitt 3 haben wir uns bei der Analyse von ebenen Verteilungs-funktionen auf die Fourierreihendarstellung konzentriert. Hierbei ließen sich wichtige Eigenschaften wie die positive Semidefinitheit der Orientierungstensoren zweiter und vierter Ordnung $\mathbf{A}_2$ bzw. $\mathbf{A}_4$ bereits in Ungleichungen weniger Fourierkoeffizien-ten festhalten. Trotz dieser Einschränkungen ist eine positive Fourierapproximation, welche mit einem erhöhten Rechenaufwand ebenfalls die Eigenschaften sicherstellt, nicht erforderlich.

In diesem zentralen Abschnitt der Arbeit wollen wir ein numerisches Verfahren herleiten, das die ortsunabhängige Fokker-Planck-Gleichung (4.11) löst und zusätz-lich die physikalischen Eigenschaften berücksichtigt. Grundlage der Methode wird das bereits vorgestellte Galerkin-Verfahren mit den Fourierbasisfunktionen sein. Aufgrund der Orthogonalität (3.2) ergibt sich so eine dünnbesetzte Systemmatrix mit Bandgestalt. Außerdem lassen sich so effiziente Korrekturen zur Gewährleistung der physikalischen Eigenschaften einführen.

Gesucht ist also eine Fourierapproximation

$$\psi^{(N_\mathrm{p})}(\phi,t) = \sum_{j=0}^{2N_\mathrm{p}} \psi_j(t)\varrho_j(\phi) = a_0(t) + \sum_{j=1}^{N_\mathrm{p}} a_j(t)\cos(2j\phi) + b_j(t)\sin(2j\phi) \quad (4.13)$$

mit den Koeffizienten $a_j(t) = \psi_{2j}(t)$, $j \in \mathbb{N}_0$, und $b_j(t) = \psi_{2j-1}(t)$, $j \in \mathbb{N}$, aus dem Ansatzraum $V_{N_\mathrm{p}} := \mathrm{span}\{\varrho_0,\dots,\varrho_{2N_\mathrm{p}}\}$, welche die semidiskrete Formulierung der ortsunabhängigen Fokker-Planck-Gleichung (4.10) erfüllt. Durch das Einsetzen der Basisfunktionen und die Berechnung der auftretenden Integrale ergibt sich so die differentiell-algebraische Gleichung

$$\mathcal{M}\dot{\psi} + (\mathcal{K} + \mathcal{D})\psi = 0 \qquad (4.14)$$

mit dem Vektor an Fourierkoeffizienten beziehungsweise Unbekannten

$$\psi = \psi(t) = \left(\psi_0(t),\dots,\psi_{2N_\mathrm{p}}(t)\right)^\mathsf{T} = \left(a_0(t), b_2(t), a_2(t),\dots, b_{N_\mathrm{p}}(t), a_{N_\mathrm{p}}(t)\right)^\mathsf{T},$$
$$(4.15)$$

der Massenmatrix $\mathcal{M}$ $\in$ $\mathbb{R}^{(2N_\mathrm{p}+1)\times(2N_\mathrm{p}+1)}$, der Konvektionsmatrix $\mathcal{K} \in \mathbb{R}^{(2N_\mathrm{p}+1)\times(2N_\mathrm{p}+1)}$ und der Diffusionsmatrix $\mathcal{D} \in \mathbb{R}^{(2N_\mathrm{p}+1)\times(2N_\mathrm{p}+1)}$ definiert durch (beachte die Nullindizierung der Basisfunktionen und die Einsindizierung der Matrixkoeffizienten)

$$\mathcal{M}_{ij} = \int_0^{2\pi} \varrho_{i-1}(\phi)\varrho_{j-1}(\phi)\,\mathrm{d}\phi, \tag{4.16}$$

$$\mathcal{K}_{ij} = \int_0^{2\pi} \varrho_{i-1}(\phi)\mathrm{div}_\phi\left(\dot{\mathbf{p}}\varrho_{j-1}(\phi)\right)\mathrm{d}\phi, \tag{4.17}$$

$$\mathcal{D}_{ij} = -\int_0^{2\pi} \varrho_{i-1}(\phi)\Delta_\phi\left(D_r\varrho_{j-1}(\phi)\right)\mathrm{d}\phi$$
$$= D_r\int_0^{2\pi} \left(\partial_\phi\varrho_{i-1}(\phi)\right)\left(\partial_\phi\varrho_{j-1}(\phi)\right)\mathrm{d}\phi. \tag{4.18}$$

Aufgrund der Orthogonalität der Fourierbasisfunktionen, die außerdem Eigenfunktionen des Laplace-Operators $\Delta_\phi$ sind, besitzen die Massen- und Diffusionsmatrix die besondere Gestalt einer Diagonalmatrix

$$\mathcal{M} = \pi\mathrm{diag}\{2,1,1,\dots,1\}, \tag{4.19}$$

$$\mathcal{D} = 4\pi D_r\mathrm{diag}\{0,1,1,4,4,\dots,N_\mathrm{p}^2,N_\mathrm{p}^2\}. \tag{4.20}$$

Die Konvektionsmatrix $\mathcal{K}$ ist nach dem Einsetzen der Jeffery-Gleichung (2.4) abhängig von dem Geschwindigkeitsgradienten $\nabla_\mathbf{x}\mathbf{u}$, der durch die inkompressiblen Navier-Stokes-Gleichungen (2.1) definiert und insbesondere divergenzfrei $\mathrm{div}_\mathbf{x}\mathbf{u} = 0$ ist. Durch diese Einschränkung kann die Konvektionsmatrix $\mathcal{K}$ leicht umgeformt und vereinfacht werden. Hierzu sei der Geschwindigkeitsgradient $\nabla_\mathbf{x}\mathbf{u} \in \mathbb{R}^{2\times2}$ für ebene Strömungen gegeben durch

$$\nabla_\mathbf{x}\mathbf{u} = u_{ij} = \begin{pmatrix} \partial_{x_1}u_1 & \partial_{x_2}u_2 \\ \partial_{x_1}u_2 & \partial_{x_2}u_2 \end{pmatrix} = \begin{pmatrix} c & c_1 \\ c_2 & -c \end{pmatrix} \tag{4.21}$$

Damit können der Deformationstensor $\mathbf{D} = \frac{1}{2}(\nabla_\mathbf{x}\mathbf{u} + \nabla_\mathbf{x}\mathbf{u}^\mathsf{T})$ sowie der Spinntensor $\mathbf{W} = \frac{1}{2}(\nabla_\mathbf{x}\mathbf{u} - \nabla_\mathbf{x}\mathbf{u}^\mathsf{T})$ geschrieben werden als

$$\mathbf{D} = \begin{pmatrix} c & \frac{1}{2}(c_1+c_2) \\ \frac{1}{2}(c_1+c_2) & -c \end{pmatrix} = \begin{pmatrix} c & d_1 \\ d_1 & -c \end{pmatrix}, \tag{4.22a}$$

$$\mathbf{W} = \begin{pmatrix} 0 & \frac{1}{2}(c_1-c_2) \\ \frac{1}{2}(c_2-c_1) & 0 \end{pmatrix} = \begin{pmatrix} 0 & d_2 \\ -d_2 & 0 \end{pmatrix}. \tag{4.22b}$$

mit $d_1 = \frac{1}{2}(c_1 + c_2)$ und $d_2 = \frac{1}{2}(c_1 - c_2)$. Der konvektive Term der Fokker-Planck-Gleichung (2.10) vereinfacht sich so mit der Gleichung (2.22) zu

$$\mathrm{div}_\phi(\dot{\mathbf{p}}\psi) = \mathrm{div}_\phi\left(\mathbf{W}\cdot\mathbf{p}\psi + \lambda\left[\mathbf{D}\cdot\mathbf{p} - \mathbf{D}:(\mathbf{p}\otimes\mathbf{p})\mathbf{p}\right]\psi\right)$$
$$= \mathrm{div}_\phi\left(d_2\begin{pmatrix} \sin\phi \\ -\cos\phi \end{pmatrix}\psi + \lambda\begin{pmatrix} d_1\sin\phi + c\cos\phi \\ d_1\cos\phi - c\sin\phi \end{pmatrix}\psi\right)$$

$$-\lambda(c\cos^2\phi - c\sin^2\phi + 2d_1\sin\phi\cos\phi)\begin{pmatrix}\cos\phi\\\sin\phi\end{pmatrix}\psi)$$

$$= -d_2\sin\phi\partial_\phi(\sin\phi\psi) - d_2\cos\phi\partial_\phi(\cos\phi\psi)$$
$$\quad - \lambda\sin\phi\partial_\phi(d_1\sin\phi\psi + c\cos\phi\psi) + \lambda\cos\phi\partial_\phi(d_1\cos\phi\psi - c\sin\phi\psi)$$
$$\quad + \lambda\sin\phi\partial_\phi(c\cos^3\phi\psi - c\sin^2\phi\cos\phi\psi + 2d_1\sin\phi\cos^2\phi\psi)$$
$$\quad - \lambda\cos\phi\partial_\phi(c\sin\phi\cos^2\phi\psi - c\sin^3\phi\psi + 2d_1\sin^2\phi\cos\phi\psi)$$

$$= -d_2\sin^2\phi\partial_\phi\psi - d_2\sin\phi\cos\phi\psi - d_2\cos^2\phi\partial_\phi\psi + d_2\sin\phi\cos\phi\psi$$
$$\quad - \lambda d_1\sin^2\phi\partial_\phi\psi - \lambda d_1\sin\phi\cos\phi\psi - \lambda c\sin\phi\cos\phi\partial_\phi\psi + \lambda c\sin^2\phi\psi$$
$$\quad + \lambda d_1\cos^2\phi\partial_\phi\psi - \lambda d_1\sin\phi\cos\phi\psi - \lambda c\sin\phi\cos\phi\partial_\phi\psi - \lambda c\cos^2\phi\psi$$
$$\quad + \lambda c\sin\phi\cos^3\phi\partial_\phi\psi - 3\lambda c\sin^2\phi\cos^2\phi\psi$$
$$\quad - \lambda c\sin^3\phi\cos\phi\partial_\phi\psi - 2\lambda c\sin^2\phi\cos^2\phi\psi + \lambda c\sin^4\phi\psi$$
$$\quad + 2\lambda d_1\sin^2\phi\cos^2\phi\partial_\phi\psi + 2\lambda d_1\sin\phi\cos^3\phi\psi - 4\lambda d_1\sin^3\phi\cos\phi\psi$$
$$\quad - \lambda c\sin\phi\cos^3\phi\partial_\phi\psi - \lambda c\cos^4\phi\psi + 2\lambda c\sin^2\phi\cos^2\phi\psi$$
$$\quad + \lambda c\sin^3\phi\cos\phi\partial_\phi\psi + 3\lambda c\sin^2\phi\cos^2\phi\psi$$
$$\quad - 2\lambda d_1\sin^2\phi\cos^2\phi\partial_\phi\psi - 4\lambda d_1\sin\phi\cos^3\phi\psi + 2\lambda d_1\sin^3\phi\cos\phi\psi$$

$$= -d_2\partial_\phi\psi - 2\lambda c\sin\phi\cos\phi\partial_\phi\psi - \lambda d_1\sin^2\phi\partial_\phi\psi + \lambda d_1\cos^2\phi\partial_\phi\psi$$
$$\quad + \lambda c\sin^2\phi\psi - \lambda c\cos^2\phi\psi - 2\lambda d_1\sin\phi\cos\phi\psi$$
$$\quad + \underbrace{\lambda c\sin^4\phi\psi - \lambda c\cos^4\phi\psi + \lambda c\sin^2\phi\cos^2\phi\psi - \lambda c\sin^2\phi\cos^2\phi\psi}_{=0}$$
$$\underbrace{-2\lambda d_1\sin\phi\cos^3\phi\psi - 2\lambda d_1\sin^3\phi\cos\phi\psi}_{-2\lambda d_1\sin\phi\cos\phi\psi}$$

$$= -d_2\partial_\phi\psi - 2\lambda c\sin\phi\cos\phi\partial_\phi\psi - \lambda d_1\sin^2\phi\partial_\phi\psi + \lambda d_1\cos^2\phi\partial_\phi\psi$$
$$\quad + 2\lambda c\sin^2\phi\psi - 2\lambda c\cos^2\phi\psi - 4\lambda d_1\sin\phi\cos\phi\psi$$
$$= -d_2\partial_\phi\psi - 2\lambda c\sin\phi\cos\phi\partial_\phi\psi + \lambda d_1\cos(2\phi)\partial_\phi\psi$$
$$\quad - 2\lambda c\cos(2\phi)\psi - 4\lambda d_1\sin\phi\cos\phi\psi.$$

Setzen wir das Resultat in die Definition der Konvektionsmatrix (4.17) ein, so lassen sich die Einträge von $\mathcal{K}$ berechnet durch

$$\mathcal{K}_{ij} = \int_0^{2\pi} \varrho_{i-1}(\phi)\Big( -d_2\partial_\phi\varrho_{j-1}(\phi) - 2\lambda c\sin\phi\cos\phi\partial_\phi\varrho_{j-1}(\phi)$$
$$\quad + \lambda d_1\cos(2\phi)\partial_\phi\varrho_{j-1}(\phi) - 2\lambda c\cos(2\phi)\varrho_{j-1}(\phi) \qquad (4.23)$$
$$\quad - 4\lambda d_1\sin\phi\cos\phi\varrho_{j-1}(\phi)\Big)\,\mathrm{d}\phi.$$

Nach der Diskretisierung der ortsunabhängigen Fokker-Planck-Gleichung (4.11) in der Orientierungskomponente kann die differentiell-algebraische Gleichung (4.14) in der Zeit mit einem beliebigen Zeitschrittverfahren diskretisiert werden. Hierbei bieten sich aufgrund der Diagonalgestalt der Massenmatrix $\mathcal{M}$ insbesondere explizite Verfahren an. In dieser Ausarbeitung werden wir uns jedoch auf das $\theta$-Zeitschrittverfahren, insbesondere das Crank-Nicolson-Verfahren mit $\theta = \frac{1}{2}$, beschränken

$$\mathcal{M}\frac{\psi^{n+1} - \psi^n}{\Delta t} = -\theta(\mathcal{K} + \mathcal{D})\psi^{n+1} - (1-\theta)(\mathcal{K} + \mathcal{D})\psi^n, \qquad (4.24)$$

welches für $\theta \in [0,1]$ definiert und für $\frac{1}{2} \le \theta \le 1$ A-stabil ist. Hierbei approximiert $\psi^{n+1}$ die Fourierkoeffizienten der Lösung zum Zeitschritt $t^{n+1} = t^n + \Delta t$, also $\psi^{n+1} \approx \psi(t^{n+1})$. Durch Umstellen erhalten wir in jedem Zeitschritt das zu lösende lineare Gleichungssystem $\mathcal{A}\psi^{n+1} = \mathbf{b}$ definiert durch

$$\mathcal{A}\psi^{n+1} := (\mathcal{M} + \Delta t\theta(\mathcal{K} + \mathcal{D}))\,\psi^{n+1} = (\mathcal{M} - \Delta t(1-\theta)(\mathcal{K} + \mathcal{D}))\,\psi^n =: \mathbf{b}. \quad (4.25)$$

Bei der Wahl des Eulerschen Polygonzugverfahrens, also der Wahl $\theta = 0$, entspricht die Systemmatrix $\mathcal{A} = \mathcal{M}$ einer Diagonalmatrix und das Lösen des Gleichungssystems einer komponentenweisen Skalierung des Koeffizientenvektors $\mathbf{b}$.

Durch die Gleichung (4.25) ist damit die vollständige Diskretisierung der ortsunabhängigen Fokker-Planck-Gleichung (4.11) unter Verwendung des Galerkin-Verfahrens mit Fourierbasisfunktionen gegeben. Es besteht jedoch die Problematik, dass die berechnete Approximationen $\psi^{(N_p)}(\theta, t^{n+1})$ mit den Fourierkoeffizienten $\psi^{n+1}$ nicht zwingend die physikalischen Eigenschaften aus Abschnitt 3 erfüllen (siehe Abschnitt 5.1.1). Wir wollen somit mit der Grundlage des Galerkin-Verfahrens und des Resultats (4.25) verschiedene Vorschriften zum Erhalt der physikalischen Eigenschaften herleiten.

## 4.2.1 Korrektur mittels Minimierungsproblem

Angenommen unsere mit dem Gleichungssystem (4.25) berechnete Näherung $\psi^{(N_p)}(\theta, t^{n+1})$ erfüllt die Eigenschaften (3.5c) und (3.28), so gilt $\mathcal{A}\psi^{n+1} = \mathbf{b}$ und insbesondere $a_0^{n+1} = a_0^n$, wobei $a_0^{n+1}$ dem Fourierkoeffizient nullter Ordnung $a_0$ zum Zeitpunkt $t^{n+1}$ entspricht. Die Gleichung $a_0^{n+1} = a_0^n$ gibt die Massenerhaltung wieder und folgt direkt aus der Differentialgleichung (4.11). Damit liegt das folgende Minimierungsproblem zur Berechnung einer Approximation zum Zeitpunkt $t^{n+1}$ nahe:

$$\begin{cases} F(\psi^{n+1}) = \left\| \mathcal{P}^{-1}(\mathcal{A}\psi^{n+1} - \mathbf{b}) \right\|_2^2 = \min!, & (4.26a) \\ c_{2k}^{n+1} \le 2a_0^{n+1} & \text{für alle } 1 \le k \le N_p, \quad (4.26b) \\ 0 \le 4(a_0^{n+1})^3 - 2a_0^{n+1}(c_2^{n+1})^2 - a_0^{n+1}(c_4^{n+1})^2 \\ \qquad + (a_2^{n+1})^2 a_4^{n+1} + 2a_2^{n+1}b_2^{n+1}b_4^{n+1} - a_4^{n+1}(b_2^{n+1})^2, & (4.26c) \\ a_0^{n+1} = a_0^n. & (4.26d) \end{cases}$$

Hierbei beschreiben $\psi^{n+1} = (a_0^{n+1}, b_2^{n+1}, a_2^{n+1}, \ldots, b_{N_p}^{n+1}, a_{N_p}^{n+1})^\top$ den Vektor der Fourierkoeffizienten zum neuen Zeitpunkt $t^{n+1}$ und $\mathcal{P}^{-1} \in \mathbb{R}^{(2N_p+1)\times(2N_p+1)}$ einen zunächst beliebigen Vorkonditionierer. Unabhängig von der Wahl des Vorkonditionierers $\mathcal{P}^{-1}$ erfüllt eine Lösung der Gleichung (4.25) mit den Eigenschaften (3.5c) und (3.28) das Minimierungsproblem (4.26) und das Verfahren ist konsistent.

Die zu minimierende Funktion $F : \mathbb{R}^{2N_p+1} \to \mathbb{R}_0^+$ mit dem Vorkonditionierer $\mathcal{P}^{-1}$ liefert eine sehr allgemeine Beschreibung von möglichen Minimierungen: Für $\mathcal{P}^{-1} = \mathcal{I}$ beschreibt sie beispielsweise die Funktion $F(\psi^{n+1}) = \|\mathcal{A}\psi^{n+1} - \mathbf{b}\|_2^2$, sodass die Residuumsnorm der Gleichung $\mathcal{A}\psi^{n+1} = \mathbf{b}$ unter Berücksichtigung der Nebenbedingungen minimiert wird. Bei der Wahl $\mathcal{P}^{-1} = \mathcal{A}^{-1}$ gilt $F(\psi^{n+1}) = \|\psi^{n+1} - \tilde{\psi}^{n+1}\|_2^2$ mit $\tilde{\psi}^{n+1} = \mathcal{A}^{-1}\mathbf{b}$. Man berechnet also zunächst eine genäherte Zwischenlösung $\tilde{\psi}^{n+1}$, bei der nicht der Erhalt der physikalischen Eigenschaften gewährleistet ist, und minimiert anschließend den Fehler der Koeffizienten $\psi^{n+1} - \tilde{\psi}^{n+1}$ unter Beachtung der Nebenbedingungen. Wie wir sehen werden, hat diese Wahl des Vorkonditionierers den Vorteil, dass das Minimierungsproblem in mehrere unabhängige Minimierungsprobleme zerfällt.

Unter Berücksichtigung von $a_0^{n+1} = a_0^n$ gilt für die Wahl des Vorkonditionierers $\mathcal{P}^{-1} = \mathcal{A}^{-1}$

$$F(\psi^{n+1}) = \|\psi^{n+1} - \tilde{\psi}^{n+1}\|_2^2 = \sum_{k=0}^{N_p}(a_k^{n+1} - \tilde{a}_k^{n+1})^2 + \sum_{k=1}^{N_p}(b_k^{n+1} - \tilde{b}_k^{n+1})^2$$
$$= \sum_{k=1}^{N_p}(a_k^{n+1} - \tilde{a}_k^{n+1})^2 + (b_k^{n+1} - \tilde{b}_k^{n+1})^2 \qquad (4.27)$$
$$= \frac{1}{\pi}\|\psi^{(N_p)}(\cdot, t^{n+1}) - \tilde{\psi}^{(N_p)}(\cdot, t^{n+1})\|_{\mathcal{L}^2}^2.$$

Damit ist das Minimierungsproblem (4.26) mit $\mathcal{P}^{-1} = \mathcal{A}^{-1}$ äquivalent zur Minimierung der $\mathcal{L}^2$-Fehlernorm von $\psi^{(N_p)}(\cdot, t^{n+1})$ und der (eventuell unphysikalischen) Näherung $\tilde{\psi}^{(N_p)}(\cdot, t^{n+1})$ unter Berücksichtigung der Massenerhaltung $a_0^{n+1} = \tilde{a}_0^{n+1}$ und der physikalischen Eigenschaften (3.5c) und (3.28).

Wir wollen nun das Minimierungsproblem (4.26) mit $\mathcal{P}^{-1} = \mathcal{A}^{-1}$ weiter untersuchen und vernachlässigen dazu zunächst die Nebenbedingung (4.26c), welche die positive Semidefinitheit des Tensors vierter Ordnung sicherstellt. Dazu setzen wir $a_k^{n+1} = \tilde{a}_k^{n+1} + \alpha_k^{n+1}$ und $b_k^{n+1} = \tilde{b}_k^{n+1} + \beta_k^{n+1}$, $k \in \mathbb{N}$, und verzichten der Übersichtlichkeit halber auf den Index $\cdot^{n+1}$. Damit erhalten wir

$$F(\psi^{n+1}) = \sum_{k=1}^{N_p}\left((a_k^{n+1} - \tilde{a}_k^{n+1})^2 + (b_k^{n+1} - \tilde{b}_k^{n+1})^2\right) = \sum_{k=1}^{N_p}(\alpha_k^2 + \beta_k^2). \qquad (4.28)$$

Ohne Beschränkung der Allgemeinheit können wir uns so bei der Minimierung von $F$ unter den Nebenbedingungen (4.26b) auf die Minimierung von $\tilde{F}_k(\alpha_k, \beta_k) = \alpha_k^2 + \beta_k^2$ unter der Nebenbedingung

$$c_k^2 = a_k^2 + b_k^2 = (\tilde{a}_k + \alpha_k)^2 + (\tilde{b}_k + \beta_k)^2 \le (2a_0)^2 = 4a_0^2 \qquad (4.29)$$

für ein festes $k \in 2\mathbb{N}$ beschränken. Damit ist eine derartige Korrektur der Koeffizienten $a_k$ und $b_k$ unabhängig von allen weiteren Fourierkoeffizienten $a_l$ und $b_l$, $l \in \mathbb{N} \setminus \{k\}$ möglich.

Trivialerweise besitzt $\tilde{F}_k$ ein lokales (und gleichzeitig globales) Minimum bei $\alpha_k = \beta_k = 0$, also $a_k = \tilde{a}_k$ und $b_k = \tilde{b}_k$. Dieses Minimum erfüllt die Nebenbedingung (4.29) genau dann, wenn bereits $\tilde{c}_k^2 = (\tilde{a}_k^2 + \tilde{b}_k^2) \leq 4a_0^2$ gilt. Ist dies nicht gegeben, und wir damit eine „echte" Korrektur durchführen müssen, suchen wir ein Minimum von $\tilde{F}_k$ auf dem Rand $c_k = 2a_0$, also

$$4a_0^2 = (\tilde{a}_k + \alpha_k)^2 + (\tilde{b}_k + \beta_k)^2$$
$$\Leftrightarrow \quad \beta_k = -\tilde{b}_k \pm \sqrt{4a_0^2 - (\tilde{a}_k + \alpha_k)^2}. \tag{4.30}$$

Damit erhalten wir auf dem Rand

$$\alpha_k^2 + \beta_k^2 = \alpha_k^2 + \tilde{b}_k^2 + 4a_0^2 - (\tilde{a}_k + \alpha_k)^2 \mp 2\tilde{b}_k\sqrt{4a_0^2 - (\tilde{a}_k + \alpha_k)^2} := \tilde{F}_k(\alpha_k) \tag{4.31}$$

und für mögliche Extremstellen die Bedingung

$$0 = \partial_{\alpha_k}\tilde{F}_k(\alpha_k) = 2\alpha_k - 2(\tilde{a}_k + \alpha_k) \pm 2\tilde{b}_k\sqrt{4a_0^2 - (\tilde{a}_k + \alpha_k)^2}^{-1}(\tilde{a}_k + \alpha_k)$$
$$= -2\tilde{a}_k \pm 2\tilde{b}_k\sqrt{4a_0^2 - (\tilde{a}_k + \alpha_k)^2}^{-1}(\tilde{a}_k + \alpha_k)$$
$$\Leftrightarrow \quad \mp 2\tilde{b}_k(\tilde{a}_k + \alpha_k) = -2\tilde{a}_k\sqrt{4a_0^2 - (\tilde{a}_k + \alpha_k)^2}$$
$$\Leftrightarrow \quad \tilde{b}_k^2(\tilde{a}_k^2 + \alpha_k)^2 = \tilde{a}_k^2\left(4a_0^2 - (\tilde{a}_k + \alpha_k)^2\right)$$
$$\Leftrightarrow \quad (\tilde{a}_k^2 + \tilde{b}_k^2)(\tilde{a}_k^2 + \alpha_k)^2 = 4\tilde{a}_k a_0^2$$
$$\Leftrightarrow \quad a_k^2 = 4a_0^2\tilde{a}_k^2\tilde{c}_k^{-2}. \tag{4.32}$$

Aufgrund $c_k^2 = a_k^2 + b_k^2 = 4a_0^2$ folgt direkt $b_k^2 = 4a_0^2\tilde{b}_k^2\tilde{c}_k^{-2}$. Damit liegen mögliche Randextrema der Funktion $\tilde{F}_k$ bei $(\alpha_{k+}, \beta_{k+})$, $(\alpha_{k-}, \beta_{k-})$, $(\alpha_{k+}, \beta_{k-})$ und $(\alpha_{k-}, \beta_{k+})$ mit

$$\alpha_{k\pm} = \pm 2a_0\tilde{a}_k\tilde{c}_k^{-1} - a_k = (\pm 2a_0\tilde{c}_k^{-1} - 1)\tilde{a}_k, \tag{4.33a}$$
$$\beta_{k\pm} = \pm 2a_0\tilde{b}_k\tilde{c}_k^{-1} - b_k = (\pm 2a_0\tilde{c}_k^{-1} - 1)\tilde{b}_k. \tag{4.33b}$$

Diese besitzen die Funktionswerte

$$\tilde{F}_k(\alpha_{k+}, \beta_{k+}) = (2a_0\tilde{c}_k^{-1} - 1)^2\tilde{a}_k^2 + (2a_0\tilde{c}_k^{-1} - 1)^2\tilde{b}_k^2, \tag{4.34a}$$
$$\tilde{F}_k(\alpha_{k-}, \beta_{k-}) = (2a_0\tilde{c}_k^{-1} + 1)^2\tilde{a}_k^2 + (2a_0\tilde{c}_k^{-1} + 1)^2\tilde{b}_k^2, \tag{4.34b}$$
$$\tilde{F}_k(\alpha_{k+}, \beta_{k-}) = (2a_0\tilde{c}_k^{-1} - 1)^2\tilde{a}_k^2 + (2a_0\tilde{c}_k^{-1} + 1)^2\tilde{b}_k^2, \tag{4.34c}$$
$$\tilde{F}_k(\alpha_{k-}, \beta_{k+}) = (2a_0\tilde{c}_k^{-1} + 1)^2\tilde{a}_k^2 + (2a_0\tilde{c}_k^{-1} - 1)^2\tilde{b}_k^2 \tag{4.34d}$$

und das Minimum auf dem Rand $c_k = 2a_0$ ist gegeben durch $(\alpha_{k+}, \beta_{k+})$. Die Funktion $\tilde{F}_k$ wird demnach unter der Nebenbedingung (4.29) mit $\tilde{c}_k > 2a_0$ minimiert durch

$$a_k = \tilde{a}_k + \alpha_{k+} = 2a_0 \tilde{c}_k^{-1} \tilde{a}_k = \gamma_k \tilde{a}_k, \tag{4.35a}$$

$$b_k = \tilde{b}_k + \beta_{k+} = 2a_0 \tilde{c}_k^{-1} \tilde{b}_k = \gamma_k \tilde{b}_k \tag{4.35b}$$

mit $\gamma_k = 2a_0 \tilde{c}_k^{-1}$.

Allgemein bedeutet dieses Ergebnis: Lösen wir das Minimierungsproblem (4.26) unter Vernachlässigung der Nebenbedingung (4.26c), so entspricht dies einer Skalierung der Fourierkoeffizienten $\tilde{a}_k^{n+1}$ und $\tilde{b}_k^{n+1}$ durch $\gamma_k^{n+1} = \min\{1, 2a_0(\tilde{c}_k^{n+1})^{-1}\}$ für alle $k \in \mathbb{N}$. Gilt für die Fourierkoeffizienten $\tilde{a}_k^{n+1}$ und $\tilde{b}_k^{n+1}$ der Approximation bereits die Bedingung (4.26b)

$$(\tilde{c}_k^{n+1})^2 = (\tilde{a}_k^{n+1})^2 + (\tilde{b}_k^{n+1})^2 \leq 4(a_0^{n+1})^2, \tag{4.36}$$

so wird nicht korrigiert, also $a_k^{n+1} = \tilde{a}_k^{n+1}$ und $b_k^{n+1} = \tilde{b}_k^{n+1}$. Falls jedoch

$$(\tilde{c}_k^{n+1})^2 = (\tilde{a}_k^{n+1})^2 + (\tilde{b}_k^{n+1})^2 > 4(a_0^{n+1})^2 \tag{4.37}$$

erfüllt ist, so gilt für die korrigierten Koeffizienten $a_k^{n+1} = \gamma_k^{n+1} \tilde{a}_k^{n+1}$ und $b_k^{n+1} = \gamma_k^{n+1} \tilde{b}_k^{n+1}$

$$(c_k^{n+1})^2 = (a_k^{n+1})^2 + (b_k^{n+1})^2 = (\gamma_k^{n+1})^2 \left( (\tilde{a}_k^{n+1})^2 + (\tilde{b}_k^{n+1})^2 \right) = 4(a_0^{n+1})^2. \tag{4.38}$$

Betrachten wir nun das vollständige Minimierungsproblem (4.26) mit der Nebenbedingung (4.26c), so können die Fourierkoeffizienten $\tilde{a}_k^{n+1}$ und $\tilde{b}_k^{n+1}$ für $k > 4$ jeweils unabhängig voneinander korrigiert werden. Lediglich für die ersten Fourierkoeffizienten $b_2^{n+1}, a_2^{n+1}, b_4^{n+1}, a_4^{n+1}$ muss ein entsprechendes Minimierungsproblem

$$\begin{cases} F(\dots) = (\tilde{a}_2 - a_2)^2 + (\tilde{b}_2 - b_2)^2 + (\tilde{a}_4 - a_4)^2 + (\tilde{b}_4 - b_4)^2 \quad = \quad \min!, & (4.39a) \\ c_2^{n+1} \leq 2a_0^{n+1}, & (4.39b) \\ c_4^{n+1} \leq 2a_0^{n+1}, & (4.39c) \\ \begin{aligned} 0 \leq & \ 4(a_0^{n+1})^3 - 2a_0^{n+1}(c_2^{n+1})^2 - a_0^{n+1}(c_4^{n+1})^2 \\ & + (a_2^{n+1})^2 a_4^{n+1} + 2a_2^{n+1} b_2^{n+1} b_4^{n+1} - a_4^{n+1}(b_2^{n+1})^2 \end{aligned} & (4.39d) \end{cases}$$

gelöst werden.

## 4.2.2 Korrektur mittels künstlicher Diffusion

Eine weitere Möglichkeit, eine Approximation $\tilde{\psi}(\phi, t^{n+1})$ zu korrigieren, ist durch das Hinzufügen von künstlicher Diffusion gegeben. Sie hat den Vorteil gegenüber dem Minimierungsproblem (4.26), dass Oszillationen im hochfrequenten Bereich stark gedämpft werden und die Lösung so deutlich glatter wird. Aufgrund der Komplexität der Ungleichung (3.28) werden wir uns an dieser Stelle zunächst wie im letzten Abschnitt 4.2.1 auf die Eigenschaft (3.5c) konzentrieren und die positive Semidefinitheit des Orientierungstensors vierter Ordnung $\mathbb{A}_4$ im Anschluss mit einbeziehen.

Die Grundidee dieser Methode liegt in der Erweiterung der ortsunabhängigen Fokker-Planck-Gleichung (4.11) um einen weiteren diffusiven Operator mit $\tilde{\mu} = \tilde{\mu}(t) \geq 0$ stückweise stetig auf $(t^n, t^{n+1})$

$$\partial_t \psi + \mathcal{L}_{\mathbf{p}} + \mathcal{L}_D = 0 \qquad \text{mit } \mathcal{L}_D = -\tilde{\mu}\Delta_{\mathbf{p}}\psi. \tag{4.40}$$

Führen wir nun ein weiteres Mal ein „operator splitting" mit den Operatoren $\mathcal{L}_{\mathbf{p}}$ und $\mathcal{L}_D$ durch, so kann zunächst wie bisher eine Approximation $\tilde{\psi}^{n+1} = \mathcal{A}^{-1}\mathbf{b}$ mit der Gleichung (4.25) berechnet werden. Nach der Diskretisierung der Differentialgleichung zu $\mathcal{L}_D$ mit dem Galerkin-Verfahren in der Orientierung und dem $\theta$-Verfahren in der Zeit ergibt sich so das zu lösende Gleichungssystem

$$\mathcal{M}\frac{1}{\Delta t}(\psi^{n+1} - \tilde{\psi}^{n+1}) = -\theta \mathcal{D}_D \psi^{n+1} - (1-\theta)\mathcal{D}_D \tilde{\psi}^{n+1}$$

$$\Rightarrow \quad (\mathcal{M} + \Delta t \theta \mathcal{D}_D)\psi^{n+1} = (\mathcal{M} - \Delta t(1-\theta)\mathcal{D}_D)\,\tilde{\psi}^{n+1}, \tag{4.41}$$

wobei $\mathcal{D}_D$ die Diffusionsmatrix zum Operator $\mathcal{L}_D$ beschreibt

$$\mathcal{D}_D = 4\pi\mu \operatorname{diag}\{0, 1, 1, 4, 4, \ldots, N_{\mathbf{p}}^2, N_{\mathbf{p}}^2\}. \tag{4.42}$$

$\mu = \Delta t \tilde{\mu}$ beschreibt hierbei die Stärke der künstlichen Diffusion auf dem Intervall $(t^n, t^{n+1})$ und wird so definiert, dass für alle $c_k^{n+1}$ die Bedingung (3.5c) erfüllt ist. Aufgrund der Diagonalgestalt der Matrizen $\mathcal{M}$ und $\mathcal{D}_D$ gilt für die korrigierten Koeffizienten

$$a_k^{n+1} = \frac{\pi - k^2\pi\mu(1-\theta)}{\pi + k^2\pi\mu\theta}\tilde{a}_k^{n+1} = \Big(1 - \frac{k^2\mu}{1+k^2\mu\theta}\Big)\tilde{a}_k^{n+1}, \tag{4.43a}$$

$$b_k^{n+1} = \frac{\pi - k^2\pi\mu(1-\theta)}{\pi + k^2\pi\mu\theta}\tilde{b}_k^{n+1} = \Big(1 - \frac{k^2\mu}{1+k^2\mu\theta}\Big)\tilde{b}_k^{n+1} \tag{4.43b}$$

beziehungsweise für $c_k = (a_k^2 + b_k^2)^{1/2}$

$$c_k^{n+1} = \Big|\frac{\pi - k^2\pi\mu(1-\theta)}{\pi + k^2\pi\mu\theta}\Big|\tilde{c}_k^{n+1} = \Big|1 - \frac{k^2\mu}{1+k^2\mu\theta}\Big|\tilde{c}_k^{n+1}. \tag{4.43c}$$

Hierbei müssen wir mit dem Grad der Fourierapproximation $N_{\mathbf{p}}$ die Bedingung

$$1 \geq \frac{k^2\mu}{1+k^2\mu\theta} \quad \Rightarrow \quad 1 - \frac{1}{k^2\mu} \leq \theta \leq 1 \quad \text{bzw. } 0 \leq \mu \leq \frac{1}{k^2(1-\theta)} \quad \text{für alle } 1 \leq k \leq N_{\mathbf{p}}$$

$$\tag{4.44}$$

beachten, da ein Vorzeichenwechsel der Fourierkoeffizienten $a_k$ und $b_k$ beim Hinzufügen einer reinen Diffusion unphysikalisch ist. Sie kann vereinfacht werden zu der Voraussetzung

$$1 - \frac{1}{N_{\mathbf{p}}^2 \mu} \le \theta \le 1 \quad \text{bzw.} \quad 0 \le \mu \le \frac{1}{N_{\mathbf{p}}^2 (1-\theta)}. \tag{4.45}$$

Wir können nun die Gleichung (4.43c) so umstellen, dass $c_k \le 2a_0$ für alle $1 \le k \le N_{\mathbf{p}}$ und ein $\mu \in \mathbb{R}_0^+$ gewährleistet ist

$$\pi c_k^{n+1} + k^2 \pi \mu \theta c_k^{n+1} = \pi \tilde{c}_k^{n+1} - k^2 \pi \mu (1-\theta) \tilde{c}_k^{n+1}$$

$$\Leftrightarrow \quad k^2 \mu \left( \theta c_k^{n+1} + (1-\theta) \tilde{c}_k^{n+1} \right) = \tilde{c}_k^{n+1} - c_k^{n+1} \tag{4.46}$$

$$\Leftrightarrow \quad \mu = \frac{\tilde{c}_k^{n+1} - c_k^{n+1}}{k^2 \left( \theta c_k^{n+1} + (1-\theta) \tilde{c}_k^{n+1} \right)}.$$

Wählen wir also $\mu \in \mathbb{R}_0^+$, sodass gilt

$$\mu = \max \left\{ 0, \frac{\tilde{c}_k^{n+1} - 2a_0}{k^2 (\theta 2a_0 + (1-\theta) \tilde{c}_k^{n+1})} \right\} \quad \text{für alle } 1 \le k \le N_{\mathbf{p}}, \tag{4.47}$$

so erfüllen die korrigierten Koeffizienten $a_k^{n+1}$ und $b_k^{n+1}$, die nach den Formeln (4.43a) und (4.43b) berechnet werden, die geforderte Ungleichung (3.5c).

Falls für die Approximationen $\psi^{(N_{\mathbf{p}})}(\phi, t^{n+1})$ ebenfalls der Orientierungstensor vierter Ordnung $\mathbb{A}_4$ positiv semidefinit sein soll (gegeben durch die Ungleichung (3.28)), muss zusätzlich das Minimum $\bar{\mu} \ge \mu$ des folgenden Minimierungsproblems gefunden werden

$$\begin{cases} F(\bar{\mu}) = \bar{\mu} \quad = \quad \min!, & (4.48a) \\ 0 \le 4(a_0^{n+1})^3 - 2a_0^{n+1} c_2^{n+1}(\bar{\mu})^2 - a_0^{n+1} c_4^{n+1}(\bar{\mu})^2 + a_2^{n+1}(\bar{\mu})^2 a_4^{n+1}(\bar{\mu}) \\ \quad + 2a_2^{n+1}(\bar{\mu}) b_2^{n+1}(\bar{\mu}) b_4^{n+1}(\bar{\mu}) - a_4^{n+1}(\bar{\mu}) b_2^{n+1}(\bar{\mu})^2. & (4.48b) \end{cases}$$

Hierbei beschreiben $a_k^{n+1}(\bar{\mu})$ die „korrigierten" Fourierkoeffizienten definiert durch (4.43). Anschließend werden $a_k^{n+1}$ und $b_k^{n+1}$ nach den Formeln (4.43a) und (4.43b) mit $\bar{\mu}$ berechnet.

Aufgrund der gegenseitigen Abhängigkeiten von $\theta$ und der Unbekannten $\mu$ bzw. $\bar{\mu}$ ist die Wahl von $\theta = 1$ (unabhängig von der Wahl von $\theta$ des Gleichungssystems (4.25)) zu empfehlen, da sie die Bedingung (4.45) in jedem Fall gewährleistet und so eine Kopplung zu $\mu$ bzw. $\bar{\mu}$ vermieden werden kann. Außerdem beeinflusst sie die Ordnung der Zeitdiskretisierung nicht, da sowohl die Splitting-Methode aus dem Abschnitt 4.1 als auch das implizite Euler-Verfahren ($\theta = 1$) von erster Ordnung sind.

## 4.2.3 Korrektur mittels Projektion auf lineare Finite-Elemente

Nur der Vollständigkeit halber wollen wir hier noch eine dritte Methode zum Erhalten einer physikkonformen Orientierungsverteilung $\psi^{(N_\mathrm{p})}(\theta, t^{n+1})$ skizzieren: Wie bei den anderen Verfahren berechnen wir zunächst wieder eine Approximation $\tilde{\psi}^{(N_\mathrm{p})}(\theta, t^{n+1})$ zu den Fourierkoeffizienten $\tilde{\psi}^{n+1} = \mathcal{A}^{-1}\mathbf{b}$ mit der Gleichung (4.25). Diese können wir anschließend mit einem Minimierungsproblem in den Raum der nichtnegativen linearen Finite-Elemente zu einer festen Gitterweite $\Delta\phi$ überführen. Die nach den Formeln (3.3) berechneten Fourierkoeffizienten der so erhaltenen nichtnegativen Funktion $\hat{\psi}_{\Delta\phi} \in Q_1$ liefern daraufhin den Koeffizientenvektor $\psi^{n+1}$ für den nächsten Zeitschritt und gewährleisten in jedem Fall die physikkonformen Eigenschaften (3.5c) und (3.28).

Dieses Verfahren ist aufgrund der Projektionen zwischen den „sehr unterschiedlichen" Funktionenräumen recht aufwendig und verlangt die Integration des Produktes aus einer linearen und einer trigonometrischen Funktion. Des Weiteren ähnelt der Übergang von $\psi^{(N_\mathrm{p})}(\theta, t^{n+1})$ nach $\hat{\psi}_{\Delta\phi}$ sehr dem Abschneiden der negativen Funktionswerte (unter Erhaltung der Masse) und kann dadurch unter Umständen starke Veränderungen in den für uns wichtigen Fourierkoeffizienten hervorrufen.

Obwohl die Zwischenlösung $\hat{\psi}_{\Delta\phi}$ aufgrund der Nebenbedingungen im Minimierungsproblem in jedem Fall nichtnegativ ist und so die physikalischen Eigenschaften sicherstellt, ist es abhängig von der Wahl der Gitterweite $\Delta\phi$ und dem Grad der Fourierapproximation $N_\mathrm{p}$ möglich, dass die Funktion $\psi^{(N_\mathrm{p})}(\phi, t^{n+1})$ erneut negative Anteile besitzen kann.

# 4.3 Behandlung der Konvektionsgleichung

Wir haben im letzten Abschnitt 4.2 eine numerische Methode für die ortsunabhängige Fokker-Planck-Gleichung (4.11) hergeleitet, welche aufbauend auf dem Galerkin-Verfahren mit Fourierbasisfunktionen physikalisch „sinnvolle" Lösungen gewährleistet. Dabei sollten die Fourierkoeffizienten nach den Ungleichungen (3.5) beschränkt und die für uns relevanten Orientierungstensoren zweiter und vierter Ordnung $\mathbb{A}_2$ bzw. $\mathbb{A}_4$ positiv semidefinit bleiben. Die so berechnete Lösung wird nun mittels der Differentialgleichung (4.12) im Ort verschoben und sollte dabei die relevanten Eigenschaften beibehalten. Hierfür werden wir aufbauend auf der Diskretisierung (4.9) am Beispiel der Konvektion in einer Dimension die Upwind Diskretisierung vorstellen [21]. Dieses Verfahren wurde zum Erhalt der Positivität von Unbekannten wie dem Druck oder der Dichte und dem Unterdrücken von Oszillationen bei reinen Konvektionsgleichungen entwickelt und wird auch bei der Konvektion von Verteilungsfunktionen wichtige Charakteristika erhalten.

In diesem Abschnitt werden wir zunächst die wesentlichen Eigenschaften der Upwind Diskretisierung aus [21, 22] zusammenfassen und anschließend zentrale Aussagen für die eindimensionale Konvektion von ebenen Orientierungsverteilungsfunktionen herleiten. Das Fundament unserer Untersuchungen ist dabei die Galerkin Diskretisierung (4.9). Da diese differentiell-algebraische Gleichung für alle $0 \le k \le 2N_p$ unabhängig voneinander gelöst werden kann und die jeweiligen Operatoren nicht vom Index $k$ bzw. der Orientierung $\phi$ abhängen, können wir uns zunächst auf den Fall $k = 0$ beschränken. Dieser entspricht aufgrund der Wahl der Basisfunktionen der Konvektion der Konzentrationsdichte

$$\alpha(\mathbf{x}, t) = \int_0^{2\pi} \psi(\mathbf{x}, \phi, t) \, d\phi = \sum_{i,k} \psi_{i,k}(t)\sigma_i(\mathbf{x}) \int_0^{2\pi} \varrho_k(\phi) \, d\phi$$

$$= \sum_{i,k} \psi_{i,k}(t)\sigma_i(\mathbf{x}) 2\pi \delta_{k,0} = 2\pi \sum_i \psi_{i,0}(t)\sigma_i(\mathbf{x}).$$

(4.49)

Damit beschreibt (4.9) für $k = 0$ die Diskretisierung der Konvektionsgleichung (4.12) für $\psi = \alpha$. Die Konzentrationsdichte darf wie ein Druck oder eine Dichte keine negativen Werte annehmen und Oszillationen in der Größenordnung der Gitterweite können aufgrund des numerischen Verfahrens als unphysikalisch angenommen werden. Es ist damit naheliegend die Differentialgleichung (4.12) mit der Upwind Diskretisierung zu behandeln: Gesucht ist also $\alpha : \mathbb{R}^3 \times (0, T) \to \mathbb{R}$ mit

$$0 = \frac{\partial \alpha}{\partial t} + \text{div}_{\mathbf{x}}(\mathbf{u}\alpha).$$

(4.50)

Diese Differentialgleichung diskretisieren wir wie bereits im letzten Abschnitt 4.1 mit dem Galerkin-Verfahren und verwenden außerdem die „group finite element" Formulierung nach Fletcher [11] um die konvektiven Flüsse wie die numerische Lösung zu behandeln

$$\alpha(\mathbf{x}, t) = 2\pi \sum_j \psi_{j,0}(t)\sigma_j(\mathbf{x}) = \sum_j \alpha_j(t)\sigma_j(\mathbf{x}),$$

(4.51)

$$\mathbf{u}(\mathbf{x}, t)\alpha(\mathbf{x}, t) = \sum_j \mathbf{u}_j(t)\alpha_j(t)\sigma_j(\mathbf{x}).$$

(4.52)

Hierbei entsprechen $\mathbf{u}_j \in \mathbb{R}^n$ Approximationen der Geschwindigkeit $\mathbf{u}$, auf die wir hier nicht weiter eingehen werden. Nach der Berechnung der auftretenden Integrale ergibt sich die differentiell-algebraische Gleichung

$$\widehat{\mathcal{M}}\dot{\alpha} = \widehat{\mathcal{K}}\alpha$$

(4.53)

mit der Massenmatrix $\widehat{\mathcal{M}} \in \mathbb{R}^{N_{\mathbf{x}} \times N_{\mathbf{x}}}$ und der Konvektionsmatrix $\widehat{\mathcal{K}} \in \mathbb{R}^{N_{\mathbf{x}} \times N_{\mathbf{x}}}$ definiert durch

$$\widehat{\mathcal{M}}_{ij} = \int_\Omega \sigma_i(\mathbf{x})\sigma_j(\mathbf{x}) \, d\mathbf{x}, \quad \widehat{\mathcal{K}}_{ij} = -\mathbf{u}_j \cdot \mathbf{c}_{ij} \quad \text{mit} \quad \mathbf{c}_{ij} = \int_\Omega \sigma_i(\mathbf{x})\nabla_{\mathbf{x}}\sigma_j(\mathbf{x}) \, d\mathbf{x}.$$

(4.54)

Wir wollen nun einen wichtigen Satz zitieren, der die Nichtnegativität und Oszillationsminimierung eines semidiskreten Verfahrens anhand der Vorzeichen der Koeffizientenmatrizen beweist.

**Satz 4.1 ([21]).** *Gegeben sei ein semidiskretes Verfahren der Form*

$$\mathcal{M}\dot{\alpha} = \mathcal{Q}\alpha \tag{4.55}$$

*mit den Eigenschaften* $\mathcal{M}_{ii} > 0$, $\mathcal{M}_{ij} = 0$ *und* $\mathcal{Q}_{ij} \geq 0$ *für alle* $j \neq i$. *Dann gelten die folgenden Eigenschaften*

(i) *Falls* $\sum_j \mathcal{Q}_{ij} = 0$ *und* $\alpha_i \geq \alpha_j$ *für alle* $j \neq i$ *gilt, so folgt* $\dot{\alpha}_i \leq 0$,

(ii) *Ist* $\alpha_j(0) \geq 0$ *für alle* $j$ *erfüllt, so gilt* $\alpha_j(t) \geq 0$ *für alle* $t > 0$ *und alle* $j$.

**Beweis.** Der Beweis dieser Aussage kann in [21] nachgelesen werden. □

Eine Ortsdiskretisierung mit diesen Charakteren wird „local extremum diminishing" (LED) genannt. Hierbei sichert Eigenschaft (i) einen nichtoszillierenden Lösungsverlauf, während die Nichtnegativität der Lösung $\alpha(t)$ durch Eigenschaft (ii) beschrieben wird.

Um den Satz 4.1 auf unser semidiskretes Verfahren (4.53) anwenden zu können, integrieren wir die Integrale der Massenmatrix $\widehat{\mathcal{M}}$ mit der Trapezregel bzw. führen „mass lumping" durch und addieren zu der Konvektionsmatrix $\widehat{\mathcal{K}}$ einen diskreten Diffusionsoperator $\widehat{\mathcal{D}}$, also $\widehat{\mathcal{Q}} = \widehat{\mathcal{K}} + \widehat{\mathcal{D}}$. Dieser sollte symmetrisch sein, verschwindende Zeilen- und Spaltensummen besitzen, also

$$\widehat{\mathcal{D}}_{ij} = \widehat{\mathcal{D}}_{ji}, \qquad \sum_j \widehat{\mathcal{D}}_{ij} = \sum_i \widehat{\mathcal{D}}_{ij} = 0, \tag{4.56}$$

und die aus dem Satz 4.1 geforderten Eigenschaften an die Vorzeichen der Matrixeinträge von $\widehat{\mathcal{Q}}$ sicherstellen. Eine Wahl mit betragsmäßig möglichst geringen Einträgen, also einer möglichst geringen künstlichen Diffusion, ist für dieses Ziel gegeben durch

$$\widehat{\mathcal{D}}_{ij} = \max\{-\widehat{\mathcal{K}}_{ij}, 0, -\widehat{\mathcal{K}}_{ji}\}, \qquad \text{für alle } j \neq i, \tag{4.57a}$$

$$\widehat{\mathcal{D}}_{ii} = -\sum_{i \neq j} \widehat{\mathcal{D}}_{ij} \qquad \text{für alle } i. \tag{4.57b}$$

Diese Definition der Diffusionsmatrix $\widehat{\mathcal{D}}$ liefert für die Zeilensumme von $\widehat{\mathcal{Q}}$

$$\sum_j \widehat{\mathcal{Q}}_{ij} = \sum_j \widehat{\mathcal{K}}_{ij} + \sum_j \widehat{\mathcal{D}}_{ij} = \sum_j \widehat{\mathcal{K}}_{ij} = \sum_j -\mathbf{u}_j \cdot \int_\Omega \sigma_i(\mathbf{x}) \nabla_\mathbf{x} \sigma_j(\mathbf{x}) \, \mathrm{d}\mathbf{x}$$
$$= -\int_\Omega \sigma_i(\mathbf{x}) \sum_j \mathbf{u}_j \cdot \nabla_\mathbf{x} \sigma_j(\mathbf{x}) \, \mathrm{d}\mathbf{x} \stackrel{!}{=} 0. \tag{4.58}$$

Sie hat damit verschwindende Zeilensummen, falls die diskrete Geschwindigkeit $\mathbf{u}_h$ definiert durch $\mathbf{u}_h(\mathbf{x}, t) := \sum_j \mathbf{u}_j(t) \sigma_j(\mathbf{x})$ divergenzfrei ist, also

$$\mathrm{div}_\mathbf{x}(\mathbf{u}_h(\mathbf{x}, t)) = \sum_j \mathrm{div}_\mathbf{x}(\mathbf{u}_j(t)\sigma_j(\mathbf{x})) = \sum_j \mathbf{u}_j(t) \cdot \nabla_\mathbf{x}\sigma_j(\mathbf{x}) = 0 \tag{4.59}$$

gilt. Diese Bedingung beschreibt das diskrete Analogon einer divergenzfreien Geschwindigkeit $\mathbf{u}$, die im Fall der Simulation von Fasersuspensionen durch die Navier-Stokes-Gleichungen (2.1) auf natürlichem Wege sichergestellt wird.

Damit ergibt sich mit der gelumpten Massenmatrix $\widehat{\mathcal{M}}_L$ die differentiell-algebraische Gleichung

$$\widehat{\mathcal{M}}_L\dot{\alpha} = (\widehat{\mathcal{K}} + \widehat{\mathcal{D}})\alpha = \widehat{\mathcal{Q}}\alpha, \tag{4.60}$$

welche die Voraussetzungen des Satzes 4.1 erfüllt und damit eine „physikalische" Konzentrationsdichte $\alpha(\mathbf{x}, t)$ erzeugt.

Beim Übergang von (4.53) zum Verfahren niedriger Ordnung (4.60) wird aufgrund der Korrektur mit dem diskreten Diffusionsoperator $\widehat{\mathcal{D}}$ sehr viel numerische Diffusion hinzugefügt, sodass stark „verschmierte" Lösungen entstehen. Anschließend kann dieses Verfahren mittels „flux limiting" in ein Verfahren höherer Ordnung überführt werden, bei dem die künstliche Diffusion an Stellen mit einem glatten Lösungsverlauf wieder entfernt wird. In dieser Arbeit gehen wir auf diese Technik jedoch nicht weiter ein und verweisen stattdessen auf die Literatur [21].

Wir haben hiermit ein numerisches Verfahren (niedriger Ordnung) für die Konvektionsgleichung (4.12) hergeleitet. Die Motivation lag hierzu in der genaueren Betrachtung des Falles $k = 0$ der Galerkin Diskretisierung (4.9), welcher äquivalent zur entsprechenden Diskretisierung der Konvektionsgleichung für die Konzentrationsdichte $\alpha(\mathbf{x}, t)$ ist. Diese sollte physikalisch im Sinne eines nichtnegativen und nichtoszillierenden Funktionsverlaufes sein. Dabei betrachtet haben wir jedoch noch nicht die Auswirkungen auf die physikalischen Eigenschaften der orientierungsabhängigen Verteilungsfunktion (in einem festen Knoten). Für genauere Untersuchungen des Verfahrens niedriger Ordnung (4.60) beschränken wir uns nun auf den Spezialfall einer eindimensionalen Konvektion mit konstanter positiver Geschwindigkeit, also $\mathbf{x} = x \in \mathbb{R}$ und $\mathbf{u} = u \neq u(x) > 0$, auf einer äquidistanten Triangulierung mit der Gitterweite $h = \Delta x \in \mathbb{R}_+$. Die zugehörigen Systemmatrizen $\widehat{\mathcal{M}}_L$ und $\widehat{\mathcal{K}}$ der Galerkin Diskretisierung (4.9) sind gegeben durch [21]

$$\widehat{\mathcal{M}}_L = \frac{h}{2}\begin{pmatrix} 1 & & & & \\ & 2 & & & \\ & & \ddots & & \\ & & & 2 & \\ & & & & 1 \end{pmatrix}, \quad \widehat{\mathcal{K}} = \frac{u}{2}\begin{pmatrix} 1 & -1 & & & \\ 1 & 0 & \ddots & & \\ & \ddots & \ddots & \ddots & \\ & & \ddots & 0 & -1 \\ & & & 1 & -1 \end{pmatrix}. \tag{4.61}$$

Damit ergeben sich laut Definition (4.57) der diskrete Diffusionsoperator $\widehat{\mathcal{D}}$ und die Matrix $\widehat{\mathcal{Q}}$ aus der Gleichung (4.60)

$$\widehat{\mathcal{D}} = \frac{u}{2}\begin{pmatrix} -1 & 1 & & & \\ 1 & -2 & \ddots & & \\ & \ddots & \ddots & \ddots & \\ & & \ddots & -2 & 1 \\ & & & 1 & -1 \end{pmatrix}, \quad \widehat{\mathcal{Q}} = \begin{pmatrix} 0 & 0 & & & \\ u & -u & \ddots & & \\ & \ddots & \ddots & \ddots & \\ & & \ddots & -u & 0 \\ & & & u & -u \end{pmatrix}. \tag{4.62}$$

Die erste Zeile des Gleichungssystems (4.60) können wir aufgrund der Randbedingung am Einströmrand vernachlässigen. Damit ist das Verfahren niedriger Ordnung äquivalent zur Upwind Diskretisierung

$$\dot{\alpha}_i = -u\frac{\alpha_i - \alpha_{i-1}}{h} \qquad \text{für alle } 1 < i < N_{\mathbf{x}}. \tag{4.63}$$

Lediglich bei der Differentialgleichung für den Ausströmrand am Knoten zum Index $i = N_{\mathbf{x}}$ (letzte Zeile des Gleichungssystems (4.60)) sind Abweichungen zu notieren,

$$\dot{\alpha}_{N_{\mathbf{x}}} = -u\frac{\alpha_{N_{\mathbf{x}}} - \alpha_{N_{\mathbf{x}}-1}}{h} \qquad \text{gegenüber} \qquad \dot{\alpha}_{N_{\mathbf{x}}} = -2u\frac{\alpha_{N_{\mathbf{x}}} - \alpha_{N_{\mathbf{x}}-1}}{h}. \tag{4.64}$$

Diskretisieren wir diese differentiell-algebraische Gleichung (4.60) mit dem $\theta$-Verfahren in der Zeit, so erhalten wir das lineare Gleichungssystem

$$\widehat{\mathcal{M}}_{\mathrm{L}}\frac{\alpha^{n+1} - \alpha^n}{\Delta t} = \theta\widehat{\mathcal{Q}}\alpha^{n+1} + (1-\theta)\widehat{\mathcal{Q}}\alpha^n \tag{4.65}$$

beziehungsweise durch Umstellen

$$(\widehat{\mathcal{M}}_{\mathrm{L}} - \theta\Delta t\widehat{\mathcal{Q}})\alpha^{n+1} = (\widehat{\mathcal{M}}_{\mathrm{L}} + (1-\theta)\Delta t\widehat{\mathcal{Q}})\alpha^n \tag{4.66}$$

mit der CFL-Bedingung

$$(1-\theta)\nu = (1-\theta)|u|\frac{\Delta t}{h} \leq 1. \tag{4.67}$$

Diese Diskretisierung gilt nach (4.9) für alle $0 \leq k \leq 2N_{\mathbf{p}}$ und wir können $\alpha$ entsprechend durch die Koeffizienten $\psi_{i,k}$ ersetzen. Damit ergibt sich unter Berücksichtigung der Randbedingung am Einströmrand für alle $0 \leq k \leq 2N_{\mathbf{p}}$ das lineare Gleichungssystem

$$\begin{pmatrix} 1 & & & & \\ -\theta\Delta tu & h+\theta\Delta tu & 0 & & \\ & \ddots & \ddots & \ddots & \\ & & -\theta\Delta tu & h+\theta\Delta tu & 0 \\ & & & -\theta\Delta tu & \frac{1}{2}h+\theta\Delta tu \end{pmatrix} \begin{pmatrix} \psi_{1,k}^{n+1} \\ \vdots \\ \vdots \\ \vdots \\ \psi_{N_{\mathbf{x}},k}^{n+1} \end{pmatrix} = \begin{pmatrix} \psi_{\mathrm{D},k}(t^{n+1}) \\ \mathbf{b}_{2,k} \\ \vdots \\ \vdots \\ \mathbf{b}_{N_{\mathbf{x}},k} \end{pmatrix} \tag{4.68}$$

mit der rechten Seite

$$\begin{pmatrix} \mathbf{b}_{1,k} \\ \vdots \\ \vdots \\ \vdots \\ \mathbf{b}_{N_{\mathbf{x}},k} \end{pmatrix} = \begin{pmatrix} 0 & & & \\ \bar{\theta}\Delta tu & h-\bar{\theta}\Delta tu & 0 & \\ & \ddots & \ddots & \ddots \\ & & \bar{\theta}\Delta tu & h-\bar{\theta}\Delta tu & 0 \\ & & & \bar{\theta}\Delta tu & \frac{1}{2}h-\bar{\theta}\Delta tu \end{pmatrix} \begin{pmatrix} \psi_{1,k}^{n} \\ \vdots \\ \vdots \\ \vdots \\ \psi_{N_{\mathbf{x}},k}^{n} \end{pmatrix} \tag{4.69}$$

mit $\bar{\theta} = 1 - \theta$ und dem $k$-ten Fourierkoeffizienten $\psi_{\mathrm{D},k}(t^{n+1})$ der Randbedingung $\psi_{\mathrm{D}}(\phi,t^{n+1}) = \sum_{k=0}^{2N_{\mathbf{p}}} \psi_{\mathrm{D},k}(t^{n+1})\varrho_k(\phi)$ am Einströmrand zum Zeitpunkt $t^{n+1}$. Des

Weiteren ist der Separationsansatz (4.4) linear in den Fourierkoeffizienten, sodass $\psi_{i,k}^{n+1}$ ebenso durch die Orientierungsverteilungsfunktion $\psi^{(N_{\mathrm{P}})}(x_i, \phi, t^{n+1})$ im Knoten $i$ ersetzt werden kann. Aufgrund der unteren Diagonalgestalt der Systemmatrix aus der Gleichung (4.68) können die Funktionen $\psi^{(N_{\mathrm{P}})}(x_i, \phi, t^{n+1})$ rekursiv für alle $1 \le i \le N_{\mathbf{x}}$ nach der Vorschrift

$$\psi^{(N_{\mathrm{P}})}(x_1, \phi, t^{n+1}) = \psi_{\mathrm{D}}(t^{n+1}), \tag{4.70}$$

$$\begin{aligned}
\psi^{(N_{\mathrm{P}})}(x_i, \phi, t^{n+1}) = (h + \theta\Delta tu)^{-1} &\left( \theta\Delta tu\psi^{(N_{\mathrm{P}})}(x_{i-1}, \phi, t^{n+1}) \right. \\
&+ (1-\theta)\Delta tu\psi^{(N_{\mathrm{P}})}(x_{i-1}, \phi, t^n) \\
&\left. + (h - (1-\theta)\Delta tu)\,\psi^{(N_{\mathrm{P}})}(x_i, \phi, t^n) \right)
\end{aligned} \tag{4.71}$$

berechnet werden, wobei die dabei auftretenden Vorfaktoren bei erfüllter CFL-Bedingung (4.67) nichtnegativ sind. Multiplizieren und integrieren wir diese Gleichungen entsprechend der Definitionen der Orientierungstensoren $\mathbb{A}_k$ (siehe Definitionen (3.8)) und der Tensoren $\mathbb{B}_2^{(k)}$ (siehe Definitionen (3.33)), so ergibt sich

$$\mathbb{A}_{k,1}^{n+1} = \mathbb{A}_{k,\mathrm{D}}^{n+1}, \tag{4.72}$$

$$\begin{aligned}
\mathbb{A}_{k,i}^{n+1} = (h + \theta\Delta tu)^{-1} &\left( \theta\Delta tu\mathbb{A}_{k,i-1}^{n+1} + (1-\theta)\Delta tu\mathbb{A}_{k,i-1}^{n} \right. \\
&\left. + (h - (1-\theta)\Delta tu)\,\mathbb{A}_{k,i}^{n} \right),
\end{aligned} \tag{4.73}$$

$$\mathbb{B}_{2,1}^{(k),n+1} = \mathbb{B}_{2,\mathrm{D}}^{(k),n+1}, \tag{4.74}$$

$$\begin{aligned}
\mathbb{B}_{2,i}^{(k),n+1} = (h + \theta\Delta tu)^{-1} &\left( \theta\Delta tu\mathbb{B}_{2,i-1}^{(k),n+1} + (1-\theta)\Delta tu\mathbb{B}_{2,i-1}^{(k),n} \right. \\
&\left. + (h - (1-\theta)\Delta tu)\,\mathbb{B}_{2,i}^{(k),n} \right).
\end{aligned} \tag{4.75}$$

Hierbei beschreiben $\mathbb{A}_{k,i}^{n+1}$ bzw. $\mathbb{A}_{k,\mathrm{D}}^{n+1}$ den Orientierungstensor der Ordnung $k$ zum Zeitpunkt $t^{n+1}$ im Knoten $i$ bzw. auf dem Einströmrand und $\mathbb{B}_{2,i}^{(k),n+1}$ bzw. $\mathbb{B}_{2,\mathrm{D}}^{(k),n+1}$ die entsprechenden Definitionen für den Tensor $\mathbb{B}_2^{(k)}$. Demnach sind die Tensoren zum neuen Zeitschritt $t^{n+1}$ positiv semidefinit und die physikalischen Eigenschaften (3.5c) und (3.28) der Verteilungsfunktion $\psi$ bleiben erhalten, falls die CFL-Bedingung (4.67) erfüllt und die Tensoren auf dem Einströmrand sowie zum alten Zeitschritt $t^n$ positiv semidefinit sind.

Damit steht uns im nächsten Abschnitt 5 eine numerische Methode zur Verfügung, die zumindest in der Theorie beliebige physikkonforme Eigenschaften, welche durch die Definitheit eines Tensors beschrieben werden können, sicherstellt. Wir werden nun dieses Verfahren auf seine Praxistauglichkeit untersuchen und werden dabei ausführlich ein ortsunabhängiges, besonders instabiles Testproblem diskutieren, bei dem die verlangten Charaktere der Verteilungsfunktion $\psi$ unter Verwendung des unkorrigierten Galerkin-Verfahrens nicht wiedergegeben werden.

# 5 Numerische Beispiele bzw. Anwendung

In den vergangenen Abschnitten der Arbeit haben wir eine ebene (nichtnegative) Verteilungsfunktion untersucht und auf Grundlage dieser Erkenntnisse ein physikalisches Verfahren zur Simulation der Fokker-Planck-Gleichung hergeleitet. Hierbei konnten wir die Orts- und Orientierungskomponenten voneinander separieren und Differentialgleichungen sowie entsprechende Methoden auf dem Fundament eines Galerkin-Verfahrens für die unterschiedlichen Variablen der Verteilungsfunktion ermitteln. Während wir die orientierungsunabhängige Fokker-Planck-Gleichung, die einer reinen Konvektionsgleichung entspricht, mittels (bi-)linearer Finite-Elemente diskretisierten, konnte die orientierungsabhängige Verteilungsfunktion durch eine Fourierapproximation genähert werden. Anschließend führten wir auf der Grundlage dieser Methoden numerische Stabilisierungen und Korrekturen ein, die den Erhalt der physikalischen Eigenschaften gewährleisten.

Die so entstandenen Verfahren werden nun in diesem Abschnitt genauer begutachtet und ihre Praxistauglichkeit untersucht. Hierbei spielen neben der quantitativen Genauigkeit in entsprechenden Normen insbesondere die Gewährleistung der verlangten physikalischen Eigenschaften eine entscheidende Rolle. Werden diese nicht eingehalten, kann die Stabilität der inkompressiblen Navier-Stokes-Gleichungen (2.1), welche die Simulation einer Fasersuspension vervollständigt, nicht weiter sichergestellt werden. Stattdessen ist eine Korrektur der Verteilungsfunktion zu empfehlen, die unter Umständen die Exaktheit der numerischen Lösung beeinträchtigt und stattdessen Programmabbrüche verhindert.

Im Abschnitt 5.1 werden wir uns auf den ortsunabhängigen Fall einer verdünnten Fasersuspension mit einem konstanten Geschwindigkeitsgradienten konzentrieren, der nach [4] für eine zufällige Anfangsverteilung eine analytische Lösung besitzt. Unser erstes Modellproblem (siehe Abschnitt 5.1.1) wird hierbei sehr instabil sein und die Robustheit der im Abschnitt 4 hergeleiteten Korrekturverfahren veranschaulichen. Anschließend behandeln wir ein rotationsdominantes Problem (siehe Abschnitt 5.1.2), das mit einer konstanten Winkelgeschwindigkeit oszilliert. Daraufhin werden wir kurz auf die Verallgemeinerung der ortsunabhängigen Fokker-Planck-Gleichung (4.11) eingehen und im Abschnitt 5.2 eine eindimensionale örtliche Konvektion hinzufügen. Wir werden sehen, dass bereits der einfachste Fall einer ortsunabhängigen Fokker-Planck-Gleichung (4.11) mit einem konstanten Geschwindigkeitsgradienten $\nabla_\mathbf{x}\mathbf{u}$ die maßgebenden Testfälle liefert und bei entsprechenden

Erweiterungen des Modells keine zusätzlichen Informationen gewonnen werden können.

## 5.1 Ortsunabhängige Fokker-Planck-Gleichung

Bevor wir ein allgemeines Problem mit der Fokker-Planck-Gleichung (2.10) simulieren, werden wir uns zunächst genauer mit dem Spezialfall der ortsunabhängigen Fokker-Planck-Gleichung (4.11) mit einem zeitlich konstanten Geschwindigkeitsgradienten $\nabla_{\mathbf{x}}\mathbf{u}$ und vernachlässigbaren Kollisionen der Fibern durch das Setzen von $C_I = 0$ beschäftigen. Ihm gebührt eine besondere Untersuchung, da Altan und Tang [4] für ihn eine analytische Lösung herleiten konnten. Dies erlaubt exakte Fehler- und Konvergenzanalysen für ein breites Spektrum an Testproblemen.

Nach [2, 4, 6] ist die Lösung der Jeffery-Gleichung (2.4) zu einer Anfangsverteilung $\mathbf{p} = \mathbf{p}^0$ gegeben durch

$$\mathbf{p} = \frac{E\mathbf{p}^0}{\|E\mathbf{p}^0\|} \tag{5.1}$$

mit dem Rotationstensor eines Partikels $E$, der die Differentialgleichung

$$\frac{\mathrm{d}E}{\mathrm{d}t} = (\mathbf{W} + \lambda\mathbf{D})E \qquad \text{mit} \qquad E^0 = \mathbfcal{I} \tag{5.2}$$

erfüllt. Die Anfangsbedingung $E^0 = \mathbfcal{I}$ folgt an dieser Stelle direkt aus der Anfangsbedingung an $\mathbf{p}$, denn es gilt $\mathbf{p}^0 = \frac{\mathbfcal{I}\mathbf{p}^0}{\|\mathbfcal{I}\mathbf{p}^0\|}$. Diese Aussage kann direkt durch Einsetzen der Differentialgleichung (5.2) in die zeitliche Ableitung der Gleichung (5.1) und durch Ausnutzen der Antisymmetrie von $\mathbf{W}$ nachgewiesen werden

$$\begin{aligned}
\dot{\mathbf{p}} &= \frac{\mathrm{d}}{\mathrm{d}t}\frac{E\mathbf{p}^0}{\|E\mathbf{p}^0\|} = \frac{\dot{E}\mathbf{p}^0}{\|E\mathbf{p}^0\|} - \frac{E\mathbf{p}^0}{\|E\mathbf{p}^0\|^3}(E\mathbf{p}^0)\cdot(\dot{E}\mathbf{p}^0) \\
&= (\mathbf{W} + \lambda\mathbf{D})\frac{E\mathbf{p}^0}{\|E\mathbf{p}^0\|} - \frac{E\mathbf{p}^0}{\|E\mathbf{p}^0\|^3}(E\mathbf{p}^0)\cdot\big((\mathbf{W} + \lambda\mathbf{D})E\mathbf{p}^0\big) \\
&= (\mathbf{W} + \lambda\mathbf{D})\mathbf{p} - (\mathbf{p}\cdot(\mathbf{W} + \lambda\mathbf{D})\mathbf{p})\,\mathbf{p} \\
&= (\mathbf{W} + \lambda\mathbf{D})\mathbf{p} - \lambda\mathbf{D} : (\mathbf{p}\otimes\mathbf{p})\mathbf{p}.
\end{aligned} \tag{5.3}$$

Wir werden nun analytisch die Lösung von (5.2) einer divergenzfreien homogenen Strömung ($\mathrm{div}_{\mathbf{x}}\mathbf{u} = 0$ und $\nabla_{\mathbf{x}}\mathbf{u} \neq \nabla_{\mathbf{x}}\mathbf{u}(t)$) bestimmen. Dazu beschränken wir uns im Folgenden auf den zweidimensionalen Fall, obwohl ähnliche Aussagen auch für den dreidimensionalen Fall gezeigt werden können.

Wie in der Gleichung (4.22) des Abschnittes 4.2 seien der Deformationstensor $\mathbf{D}$ und der Spinntensor $\mathbf{W}$ definiert durch

$$\mathbf{D} = \begin{pmatrix} c & \frac{1}{2}(c_1 + c_2) \\ \frac{1}{2}(c_1 + c_2) & -c \end{pmatrix} = \begin{pmatrix} c & d_1 \\ d_1 & -c \end{pmatrix}, \tag{5.4a}$$

$$\mathbf{W} = \begin{pmatrix} 0 & \frac{1}{2}(c_1 - c_2) \\ \frac{1}{2}(c_2 - c_1) & 0 \end{pmatrix} = \begin{pmatrix} 0 & d_2 \\ -d_2 & 0 \end{pmatrix} \tag{5.4b}$$

mit den zeitunabhängigen Konstanten $c, d_1, d_2 \in \mathbb{R}$. Damit ergibt sich nach (5.2) die lineare Differentialgleichung für $E$

$$\frac{dE}{dt} = SE = \begin{pmatrix} \lambda c & \lambda d_1 + d_2 \\ \lambda d_1 - d_2 & -\lambda c \end{pmatrix} E. \tag{5.5}$$

Die zugehörige Systemmatrix besitzt die Eigenwerte $\omega_\pm = \pm\sqrt{\omega^2}$ mit

$$\omega^2 = \lambda^2(c^2 + d_1^2) - d_2^2 = \tfrac{1}{2}\left(\|\lambda\mathbf{D}\|_F^2 - \|\mathbf{W}\|_F^2\right) \tag{5.6}$$

und den entsprechenden Eigenvektoren

$$v_\pm = \begin{pmatrix} \lambda c + \omega_\pm \\ \lambda d_1 - d_2 \end{pmatrix}. \tag{5.7}$$

Die allgemeine Lösung der Differentialgleichung (5.5) ist demnach für den Fall einer regulären Systemmatrix, also $\omega^2 \neq 0$, gegeben durch

$$E = \begin{pmatrix} \alpha_{11} e^{\omega_+ t} v_+ + \alpha_{12} e^{\omega_- t} v_- & , & \alpha_{21} e^{\omega_+ t} v_+ + \alpha_{22} e^{\omega_- t} v_- \end{pmatrix}$$
$$= \begin{pmatrix} (\lambda c + \omega_+) e^{\omega_+ t} & (\lambda c - \omega_+) e^{-\omega_+ t} \\ (\lambda d_1 - d_2) e^{\omega_+ t} & (\lambda d_1 - d_2) e^{-\omega_+ t} \end{pmatrix} \begin{pmatrix} \alpha_{11} & \alpha_{12} \\ \alpha_{21} & \alpha_{22} \end{pmatrix}. \tag{5.8}$$

Durch Setzen der Anfangsbedingung $E^0 = \mathcal{I}$ ergibt sich so für die noch zu bestimmenden Koeffizienten $\alpha_{11}, \alpha_{12}, \alpha_{21}, \alpha_{22} \in \mathbb{R}$ die Aussage

$$E^0 = \begin{pmatrix} \lambda c + \omega_+ & \lambda c - \omega_+ \\ \lambda d_1 - d_2 & \lambda d_1 - d_2 \end{pmatrix} \begin{pmatrix} \alpha_{11} & \alpha_{12} \\ \alpha_{21} & \alpha_{22} \end{pmatrix} \stackrel{!}{=} \begin{pmatrix} 1 & 0 \\ 0 & 1 \end{pmatrix} = \mathcal{I}. \tag{5.9}$$

Dieses lineare Gleichungssystem besitzt die Lösung

$$\begin{pmatrix} \alpha_{11} & \alpha_{12} \\ \alpha_{21} & \alpha_{22} \end{pmatrix} = \frac{1}{2\omega_+} \begin{pmatrix} 1 & \frac{\omega_+ - \lambda c}{\lambda d_1 - d_2} \\ -1 & \frac{\omega_+ + \lambda c}{\lambda d_1 - d_2} \end{pmatrix}. \tag{5.10}$$

Setzen wir das Ergebnis in Gleichung (5.8) ein, ergibt sich für den Fall $\omega^2 \neq 0$ die Lösung der Differentialgleichung (5.2) [4]

$$E = \frac{1}{2\omega_+} \begin{pmatrix} \omega_+(e^{\omega_+ t} + e^{-\omega_+ t}) + \lambda c(e^{\omega_+ t} - e^{-\omega_+ t}) & \frac{\omega_+^2 - \lambda^2 c^2}{\lambda d_1 - d_2} e^{\omega_+ t} - \frac{\omega_+^2 - \lambda^2 c^2}{\lambda d_1 - d_2} e^{-\omega_+ t} \\ (\lambda d_1 - d_2)(e^{\omega_+ t} - e^{-\omega_+ t}) & \omega_+(e^{\omega_+ t} + e^{-\omega_+ t}) - \lambda c(e^{\omega_+ t} - e^{-\omega_+ t}) \end{pmatrix}$$
$$= \frac{1}{\omega_+} \begin{pmatrix} \omega_+ \cosh(\omega_+ t) + \lambda c \sinh(\omega_+ t) & (\lambda d_1 + d_2) \sinh(\omega_+ t) \\ (\lambda d_1 - d_2) \sinh(\omega_+ t) & \omega_+ \cosh(\omega_+ t) - \lambda c \sinh(\omega_+ t) \end{pmatrix}, \tag{5.11a}$$

denn es gilt $\omega_+^2 - \lambda^2 c^2 = \lambda^2 d_1^2 - d_2^2 = (\lambda d_1 - d_2)(\lambda d_1 + d_2)$. Für $\omega^2 < 0$ lässt sich
(5.11a) mit $\omega = |\omega_+| = \sqrt{|\omega^2|}$ äquivalent schreiben als

$$E = \frac{1}{\omega} \begin{pmatrix} \omega\cos(\omega t) + \lambda c\sin(\omega t) & (\lambda d_1 + d_2)\sin(\omega t) \\ (\lambda d_1 - d_2)\sin(\omega t) & \omega\cos(\omega t) - \lambda c\sin(\omega t) \end{pmatrix}. \tag{5.11b}$$

Gehen wir außerdem in Gleichung (5.11a) bzw. (5.11b) zum Grenzwert $\omega^2 \to 0$
über, so ergibt sich für $\omega^2 = 0$ die Lösung der Differentialgleichung (5.5)

$$E = \begin{pmatrix} 1 + \lambda ct & (\lambda d_1 + d_2)t \\ (\lambda d_1 - d_2)t & 1 - \lambda ct \end{pmatrix}. \tag{5.11c}$$

Die zweidimensionale Jeffery-Gleichung (2.4) besitzt damit für einen konstanten
Geschwindigkeitsgradienten $\nabla_{\mathbf{x}}\mathbf{u}$ die analytische Lösung (5.1) mit dem Rotationstensor $E$ definiert durch die Gleichungen (5.11). Nehmen wir weiterhin an, dass die
Faserinteraktionen vernachlässigt werden können, also $C_I = 0$ gilt, so entspricht die
ortsunabhängige Fokker-Planck-Gleichung (4.11) einer Kontinuitätsgleichung für
die Wahrscheinlichkeitsverteilungsfunktion $\psi$. Diese verfügt für eine zufallsbedingte
Anfangsverteilung $\psi(\mathbf{p}, 0) = \frac{1}{2\pi}$ über die analytische Lösung [4, 9, 24, 25, 29]

$$\psi(\mathbf{p}, t) = \frac{1}{2\pi \|E^{-1}\mathbf{p}\|^2}. \tag{5.12}$$

Man beachte hierbei, dass $\psi$ eine lokale Verteilungsfunktion beschreibt, welche die
Wahrscheinlichkeitsdichte einer Fiber in der Orientierung $\mathbf{p}$ angibt, und so aufgrund
der Normierung $\int_S \psi(\mathbf{p})\,d\mathbf{p} = 1$ der Wert $\frac{1}{2\pi}$ für eine ebene Verteilungsfunktion
gerechtfertigt werden kann. Für ebene Verteilungen lässt sich die Gleichung (5.12)
mit den Polarkoordinaten $\mathbf{p}(\phi) = (\cos\phi, \sin\phi)^\top$ und dem Rotationstensor $E$ festgehalten durch die Gleichungen (5.11) umformen zu

$$\psi(\phi, t) = \frac{1}{2\pi}\left(e_1 \cos^2(\phi) + \tfrac{1}{2}e_2 \sin(2\phi) + e_3 \sin^2(\phi)\right)^{-1} \tag{5.13}$$

mit

$$e_1 = (E_{11}^{-1})^2 + (E_{21}^{-1})^2, \tag{5.14a}$$

$$e_2 = 2(E_{11}^{-1}E_{12}^{-1} + E_{21}^{-1}E_{22}^{-1}), \tag{5.14b}$$

$$e_3 = (E_{12}^{-1})^2 + (E_{22}^{-1})^2. \tag{5.14c}$$

Unter Berücksichtigung mehrerer Einschränkungen haben wir hiermit eine analytische Lösung der ortsunabhängigen Fokker-Planck-Gleichung (4.11) für ebene
Verteilungsfunktionen $\psi$ hergeleitet. Hierfür verlangten wir von der divergenzfreien
Geschwindigkeit $\mathbf{u}$ einen zeitunabhängigen Geschwindigkeitsgradienten $\nabla_{\mathbf{x}}\mathbf{u}$ sowie
vernachlässigbare Kopplungen zwischen einzelnen Fibern, sodass wir $C_I = 0$ an-
nehmen konnten. Zusätzlich legten wir die Anfangsverteilung $\psi(\mathbf{p}, t = 0)$ auf eine
zufällige Verteilung, also $\psi(\mathbf{p}, t = 0) = \frac{1}{2\pi}$, fest. Trotz dieser starken Beschränkungen

liefert das Resultat (5.13) die verlangte analytische Lösung für bereits wichtige Testfälle.

Wir wollen uns nun genauer mit diesen Sonderfällen auseinandersetzen und interpretieren zunächst die Abhängigkeit einer Faserorientierung $\mathbf{p}$ von dem Geschwindigkeitsgradienten $\nabla_{\mathbf{x}}\mathbf{u}$: Eine Fiber in einem Transportmedium kann ausgelegt werden als eine undurchdringbare, im Ort frei bewegbare Wand. Die Flüssigkeit übt damit durch ihren Geschwindigkeitsgradienten $\nabla_{\mathbf{x}}\mathbf{u}$ eine Kraft auf die Faser aus und erzeugt so ein Drehmoment, das von dem Spinn- und Orientierungstensor $\mathbf{W}$ bzw. $\mathbf{D}$ sowie der Materialkonstanten $\lambda$ abhängt (vergleiche Gleichung (5.6)). Während der Spinnanteil des Geschwindigkeitsgradienten $\mathbf{W}$ eine Rotation der Fiber hervorruft, drängt der skalierte Deformationsanteil $\lambda\mathbf{D}$ die Faser zu einer bevorzugten Orientierung $\mathbf{p}^*$. Hierbei kann die Abhängigkeit der Deformation $\lambda\mathbf{D}$ von $\lambda$ bzw. insbesondere von dem Längenverhältnis $r_e = \frac{L}{d}$ der Fiber durch die Hebelgesetze begründet werden.

Bei einem zeitlich konstanten Geschwindigkeitsgradienten $\nabla_{\mathbf{x}}\mathbf{u}$ kommt es so je nach Verhältnis der beiden Anteile $\mathbf{W}$ und $\lambda\mathbf{D}$ zu einer zeitabhängigen Oszillation der Faserorientierung mit der Frequenz $\omega$ oder einem Grenzprozess, bei dem eine bevorzugte Orientierung $\mathbf{p}^*$ dem Grenzwert entspricht. Diese Erkenntnisse begründen insbesondere die Fallunterscheidungen bei der Definition des Rotationstensors $E$ in den Gleichungen (5.11) sowie die Abhängigkeiten von den periodischen Funktionen $\sin(\omega t)$ und $\cos(\omega t)$.

## 5.1.1 Ebene Dehnströmung

Für das erste ortsunabhängige Testproblem einer ebenen Verteilungsfunktion $\psi$ seien die in diesem Abschnitt 5.1 beschriebenen Voraussetzungen gegeben: Mögliche Faserinteraktionen werden aufgrund der Wahl von $C_I = 0$ vernachlässigt und die rotationsfreie Geschwindigkeit $\mathbf{u}$ besitze einen von dem Zeitpunkt $t$ unabhängigen Gradienten $\nabla_{\mathbf{x}}\mathbf{u}$. Außerdem sei die anfängliche Verteilungsfunktion gegeben durch $\psi(\mathbf{p}, t = 0) = \frac{1}{2\pi}$, welche bereits durch die Fourierapproximation der Ordnung $N_{\mathbf{p}} = 0$ exakt wiedergegeben werden kann. Damit sind wir in der Lage den exakten Fehler gegenüber der bekannten analytischen Lösung zu berechnen und genaue Konvergenzanalysen betreiben zu können. Weiter sei das Längenverhältnis der Fibern gegeben durch $r_e = 10$ (beispielsweise Länge $L = 1\,\mathrm{mm}$ und Durchmesser $d = 0.1\,\mathrm{mm}$), also $\lambda = \frac{99}{101}$, und der Geschwindigkeitsgradient $\nabla_{\mathbf{x}}\mathbf{u}$ besitze die Einträge

$$\nabla_{\mathbf{x}}\mathbf{u} = \begin{pmatrix} 0.01 & 0 \\ 0 & -0.01 \end{pmatrix}. \tag{5.15}$$

Damit sind der Deformations- und Spannungstensor $\mathbf{D}$ bzw. $\mathbf{W}$ gegeben durch

$$\mathbf{D} = \tfrac{1}{2}(\nabla_{\mathbf{x}}\mathbf{u} + \nabla_{\mathbf{x}}\mathbf{u}^{\mathsf{T}}) = \nabla_{\mathbf{x}}\mathbf{u} \quad \text{und} \quad \mathbf{W} = \tfrac{1}{2}(\nabla_{\mathbf{x}}\mathbf{u} - \nabla_{\mathbf{x}}\mathbf{u}^{\mathsf{T}}) = 0 \tag{5.16}$$

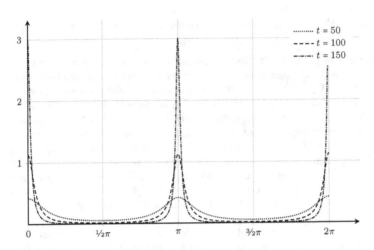

**Abbildung 5.1:** Analytische Lösung der ebenen Dehnströmung zu unterschiedlichen Zeitpunkten.

und es liegt ein „deformationsdominantes" Problem vor, das heißt $\omega^2 = \lambda^2 0.01^2 > 0$. Alle Fibern streben aufgrund vernachlässigbarer Kopplungen ($C_I = 0$) die privilegierte Orientierung $\mathbf{p}^* = (1,0)^\mathsf{T}$ an und die zugehörige Verteilungsfunktion $\psi(\mathbf{p}, t)$, welche zu Beginn zufällige Orientierungen widerspiegelte, konvergiert gegen die „$\delta$-Funktion" unter Berücksichtigung der Parität $\psi(\mathbf{p}, t) = \psi(-\mathbf{p}, t)$

$$\psi(\mathbf{p}, t) \rightarrow \tfrac{1}{2} \left( \delta(\mathbf{p} - \mathbf{p}^*) + \delta(\mathbf{p} + \mathbf{p}^*) \right) \quad (t \rightarrow \infty). \tag{5.17}$$

Die analytische Lösung dieses Testproblems ist für unterschiedliche Zeitpunkte $t$ in der Abbildung 5.1 festgehalten.

Wie bereits nach der Analyse der Funktionenfolge $\psi_\epsilon$ im Abschnitt 3, die in der Gleichung (3.6) definiert wurde, zu vermuten ist, besitzt der Grenzwert der Verteilungsfunktion $\psi$ die Fourierkoeffizienten

$$a_0 = \tfrac{1}{2\pi}, \quad a_{2k} = \tfrac{1}{\pi}, \quad a_{2k+1} = 0, \quad b_k = 0 \quad \text{für alle } k \in \mathbb{N} \tag{5.18}$$

und alle Basisfunktionen der Form $\cos(2k\phi)$ mit $k \in \mathbb{N}$ haben die identische Amplitude $a_{2k} = \tfrac{1}{\pi}$ sowie einen einheitlichen Anteil an der Fourierreihe. Es kann somit davon ausgegangen werden, dass die Simulation dieses Problems mit einer endlichen (konstanten) Ordnung $N_\mathbf{p}$ mit der Zeit immer ungenauer wird und somit das Auftreten unphysikalischer Fourierkoeffizienten als sehr wahrscheinlich angenommen werden kann.

In der Tabelle 5.1 werden die exakten Fourierkoeffizienten dieses Beispiels zu unterschiedlichen Zeitpunkten $t$ dargestellt. Die Fourierkoeffizienten nähern sich hier bei fortlaufender Zeit dem erwarteten Wert $\tfrac{1}{\pi} \approx 0.3183098862$ an, wobei die Koeffizienten zu Fourierbasisfunktionen niedriger Ordnung schneller ansteigen als die zu

Basisfunktionen höherer Ordnung. Wird außerdem der Fehler der abgeschnittenen Fourierreihe $\mathcal{P}_{N_\mathrm{p}}\psi$ gegenüber der analytischen Lösung $\psi$ berechnet (siehe Tabelle 5.2), so kann die im Abschnitt 2.3 festgehaltene (theoretische) Konvergenz der abgeschnittenen Fourierreihe an einem praktischen Beispiel wiedererkannt werden. Hierzu definieren wir zunächst den Fehler $e_{N_\mathrm{p}} = \|\psi - \mathcal{P}_{N_\mathrm{p}}\psi\|$ in einer beliebigen Norm. Unter der Annahme einer analytischen Lösung $\psi$, bei der eine exponentielle Konvergenz (vergleiche Gleichung (2.29))

$$\|\psi - \mathcal{P}_{N_\mathrm{p}}\psi\| \le C_q\, e^{-cN_\mathrm{p}}\, \|\psi\|_{\mathcal{L}^2} \tag{5.19}$$

vorliegt, können wir die approximierte exponentielle Konvergenzordnung $c_{N_\mathrm{p}}$ des Verfahrens definieren durch

$$c_{N_\mathrm{p}} = \tfrac{1}{2} \cdot \log\Big(\frac{e_{N_\mathrm{p}}}{e_{N_\mathrm{p}-2}}\Big). \tag{5.20}$$

Je größer $c$ bzw. $c_{N_\mathrm{p}}$ ist, desto schneller konvergiert das Verfahren. Wie wir später sehen werden, hängt $c$ jedoch stark von der analytischen Funktion $\psi$ ab. Gegenüber der Fehlerabschätzung (5.19) steht die Ungleichung (2.28), bei der die Konvergenzgeschwindigkeit unabhängig von $\psi$ ist. Sie existiert jedoch nur theoretisch und kann an diesem Beispiel aufgrund der hohen Regularität der exakten Lösung nicht dargestellt werden.

In der Tabelle 5.2 fällt unmittelbar die unterschiedliche Konvergenzgeschwindigkeit in Abhängigkeit von dem Zeitpunkt $t$ auf. Zur Zeit $t = 50$ (siehe Tabelle 5.2a) nehmen nach der Tabelle 5.1 verhältnismäßig wenige Fourierkoeffizienten einen betragsmäßig großen Wert an. Dadurch kann die analytische Lösung bereits durch wenige Fourierkoeffizienten sehr genau approximiert werden und die abgeschnittene Reihendarstellung $\mathcal{P}_{N_\mathrm{p}}\psi$ konvergiert entsprechend schnell (siehe Tabelle 5.2a). Während die exponentielle Konvergenzordnung $c$ zu diesem Zeitpunkt etwa den Wert $c \approx 0.3945$ annimmt, sinkt dieser bei fortschreitender Zeit auf $c \approx 0.0198$ zum Zeitpunkt $t = 200$ (siehe Tabelle 5.2b).

Außerdem ist zu erkennen, dass die Konvergenzordnung $c$ unabhängig von der Wahl der Norm ist: Zum Zeitpunkt $t = 50$ (siehe Tabelle 5.2a) weicht die approximierte Konvergenzordnung $c_{N_\mathrm{p}}$ über das gesamte Intervall an untersuchten Approximationsordnungen $N_\mathrm{p}$ unabhängig von der Norm kaum von dem Wert $c \approx 0.3945$ ab. Stattdessen sind zur Zeit $t = 200$ (siehe Tabelle 5.2b) leichte Abweichungen des Wertes $c_{N_\mathrm{p}}$ von $c \approx 0.0198$ bei der $\mathcal{L}^1$-Norm festzustellen. Sie konvergiert insbesondere bei niedrigen Ordnungen $N_\mathrm{p}$ langsamer und nähert sich bei zunehmender Ordnung der Konvergenzgeschwindigkeit der $\mathcal{L}^2$- und $\mathcal{L}^\infty$-Norm.

Wir wollen uns nun ausführlich mit den im Abschnitt 4.2 hergeleiteten Verfahren zur Diskretisierung der ortsunabhängigen Fokker-Planck-Gleichung (4.11) am Beispiel der ebenen Dehnströmung beschäftigen. Auf der Grundlage des Galerkin-Verfahrens haben wir in den Abschnitten 4.2.1, 4.2.2 und 4.2.3 verschiedene Methoden zur Gewährleistung der physikalischen Eigenschaften vorgestellt. Während für die Korrekturen aus den Abschnitten 4.2.2 und 4.2.3 zunächst eine (unphysikalische)

| | $t = 50$ | $t = 100$ | $t = 150$ | $t = 200$ |
|---|---|---|---|---|
| $a_2$ | $1.4 \cdot 10^{-1}$ | $2.4 \cdot 10^{-1}$ | $2.9 \cdot 10^{-1}$ | $3.1 \cdot 10^{-1}$ |
| $a_4$ | $6.6 \cdot 10^{-2}$ | $1.8 \cdot 10^{-1}$ | $2.6 \cdot 10^{-1}$ | $2.9 \cdot 10^{-1}$ |
| $a_6$ | $3.0 \cdot 10^{-2}$ | $1.4 \cdot 10^{-1}$ | $2.3 \cdot 10^{-1}$ | $2.8 \cdot 10^{-1}$ |
| $a_8$ | $1.4 \cdot 10^{-2}$ | $1.0 \cdot 10^{-1}$ | $2.1 \cdot 10^{-1}$ | $2.7 \cdot 10^{-1}$ |
| $a_{10}$ | $6.2 \cdot 10^{-3}$ | $7.7 \cdot 10^{-2}$ | $1.9 \cdot 10^{-1}$ | $2.6 \cdot 10^{-1}$ |
| $a_{12}$ | $2.8 \cdot 10^{-3}$ | $5.8 \cdot 10^{-2}$ | $1.7 \cdot 10^{-1}$ | $2.5 \cdot 10^{-1}$ |
| $a_{14}$ | $1.3 \cdot 10^{-3}$ | $4.4 \cdot 10^{-2}$ | $1.5 \cdot 10^{-1}$ | $2.4 \cdot 10^{-1}$ |
| $a_{16}$ | $5.8 \cdot 10^{-4}$ | $3.3 \cdot 10^{-2}$ | $1.4 \cdot 10^{-1}$ | $2.3 \cdot 10^{-1}$ |
| $a_{18}$ | $2.6 \cdot 10^{-4}$ | $2.5 \cdot 10^{-2}$ | $1.2 \cdot 10^{-1}$ | $2.2 \cdot 10^{-1}$ |
| $a_{20}$ | $1.2 \cdot 10^{-4}$ | $1.9 \cdot 10^{-2}$ | $1.1 \cdot 10^{-1}$ | $2.1 \cdot 10^{-1}$ |
| $a_{22}$ | $5.4 \cdot 10^{-5}$ | $1.4 \cdot 10^{-2}$ | $9.9 \cdot 10^{-2}$ | $2.1 \cdot 10^{-1}$ |
| $a_{24}$ | $2.5 \cdot 10^{-5}$ | $1.1 \cdot 10^{-2}$ | $8.9 \cdot 10^{-2}$ | $2.0 \cdot 10^{-1}$ |
| $a_{26}$ | $1.1 \cdot 10^{-5}$ | $8.0 \cdot 10^{-3}$ | $8.0 \cdot 10^{-2}$ | $1.9 \cdot 10^{-1}$ |
| $a_{28}$ | $5.1 \cdot 10^{-6}$ | $6.0 \cdot 10^{-3}$ | $7.2 \cdot 10^{-2}$ | $1.8 \cdot 10^{-1}$ |
| $a_{30}$ | $2.3 \cdot 10^{-6}$ | $4.5 \cdot 10^{-3}$ | $6.5 \cdot 10^{-2}$ | $1.8 \cdot 10^{-1}$ |
| $a_{32}$ | $1.0 \cdot 10^{-6}$ | $3.4 \cdot 10^{-3}$ | $5.9 \cdot 10^{-2}$ | $1.7 \cdot 10^{-1}$ |
| $a_{34}$ | $5.4 \cdot 10^{-7}$ | $2.6 \cdot 10^{-3}$ | $5.3 \cdot 10^{-2}$ | $1.6 \cdot 10^{-1}$ |
| $a_{36}$ | $2.1 \cdot 10^{-7}$ | $1.9 \cdot 10^{-3}$ | $4.7 \cdot 10^{-2}$ | $1.6 \cdot 10^{-1}$ |
| $a_{38}$ | $9.8 \cdot 10^{-8}$ | $1.5 \cdot 10^{-3}$ | $4.3 \cdot 10^{-2}$ | $1.5 \cdot 10^{-1}$ |
| $a_{40}$ | $4.5 \cdot 10^{-8}$ | $1.1 \cdot 10^{-3}$ | $3.8 \cdot 10^{-2}$ | $1.4 \cdot 10^{-1}$ |
| $a_{42}$ | $2.2 \cdot 10^{-9}$ | $8.3 \cdot 10^{-4}$ | $3.5 \cdot 10^{-2}$ | $1.4 \cdot 10^{-1}$ |
| $a_{44}$ | $9.2 \cdot 10^{-9}$ | $6.2 \cdot 10^{-4}$ | $3.1 \cdot 10^{-2}$ | $1.3 \cdot 10^{-1}$ |
| $a_{46}$ | $4.2 \cdot 10^{-9}$ | $4.7 \cdot 10^{-4}$ | $2.8 \cdot 10^{-2}$ | $1.3 \cdot 10^{-1}$ |
| $a_{48}$ | $-4.2 \cdot 10^{-8}$ | $3.5 \cdot 10^{-4}$ | $2.5 \cdot 10^{-2}$ | $1.2 \cdot 10^{-1}$ |
| $a_{50}$ | $8.6 \cdot 10^{-10}$ | $2.7 \cdot 10^{-4}$ | $2.3 \cdot 10^{-2}$ | $1.2 \cdot 10^{-1}$ |
| $a_{...}$ | $\vdots$ | $\vdots$ | $\vdots$ | $\vdots$ |

**Tabelle 5.1:** Fourierkoeffizienten $a_k$ der exakten Verteilungsfunktion $\psi$ am Beispiel der ebenen Dehnströmung zu unterschiedlichen Zeitpunkten $t$.

Approximation $\tilde{\psi}^{(N_\mathrm{P})}(\cdot, t^{n+1})$ für den Zeitpunkt $t^{n+1}$ berechnet werden muss, formulierten wir die Korrektur mittels Minimierungsproblem (siehe Abschnitt 4.2.1) zunächst mit einem beliebigen Vorkonditionierer $\mathcal{P}^{-1}$ sehr allgemein und untersuchten später ausführlich die Wahl des Vorkonditionierers $\mathcal{P}^{-1} = \mathcal{A}^{-1}$. Diese Wahl ist äquivalent zur Korrektur einer Approximation $\tilde{\psi}^{(N_\mathrm{P})}(\cdot, t^{n+1})$ ähnlich zu den anderen Verfahren und aufgrund der Aufspaltung des großen Minimierungsproblems in zahlreiche kleinere besonders effektiv.

Die Abbildung 5.2 befasst sich am Beispiel der ebenen Dehnströmung mit dem Crank-Nicolson-Verfahren als Zeitdiskretisierung zur Zeitschrittweite $\Delta t = 1$ mit dem Unterschied der beiden Vorkonditionierern. Während Abbildung 5.2a den $\mathcal{L}^2$-Fehler der Verfahren mit unterschiedlichen Vorkonditionierern $\mathcal{P}^{-1}$ und variierenden Nebenbedingungen gegenüber der analytischen Lösung im zeitlichen Verlauf darstellt, hält Abbildung 5.2b die Differenz der Lösungen unter Verwendung von $\mathcal{P}^{-1} = \mathcal{I}$ und $\mathcal{P}^{-1} = \mathcal{A}^{-1}$ in der $\mathcal{L}^2$-Norm fest. Hierbei fällt auf, dass der Einfluss der unterschiedlichen Vorkonditionierer nur einen unbeträchtlichen Einfluss auf den Verlauf des Fehlers hat: Der Fehler zur analytischen Lösung steigt bei den korrigierten Verfahren bis $t = 200$ auf ungefähr 1.25 an, wobei sich die Korrektur erst ab $t = 125$

| | $\mathcal{L}^1$-Norm | | $\mathcal{L}^2$-Norm | | $\mathcal{L}^\infty$-Norm | |
|---|---|---|---|---|---|---|
| | Fehler $e_{N_p}$ | Ord. $c_{N_p}$ | Fehler $e_{N_p}$ | Ord. $c_{N_p}$ | Fehler $e_{N_p}$ | Ord. $c_{N_p}$ |
| $N_p = 2$ | $1.4 \cdot 10^{-1}$ | | $9.2 \cdot 10^{-2}$ | | $1.2 \cdot 10^{-1}$ | |
| $N_p = 4$ | $6.3 \cdot 10^{-2}$ | 0.3939 | $4.2 \cdot 10^{-2}$ | 0.3945 | $5.5 \cdot 10^{-2}$ | 0.3945 |
| $N_p = 6$ | $2.9 \cdot 10^{-2}$ | 0.3944 | $1.9 \cdot 10^{-2}$ | 0.3945 | $2.5 \cdot 10^{-2}$ | 0.3945 |
| $N_p = 8$ | $1.3 \cdot 10^{-2}$ | 0.3945 | $8.7 \cdot 10^{-3}$ | 0.3945 | $1.1 \cdot 10^{-2}$ | 0.3945 |
| $N_p = 10$ | $5.9 \cdot 10^{-3}$ | 0.3945 | $3.9 \cdot 10^{-3}$ | 0.3945 | $5.1 \cdot 10^{-3}$ | 0.3945 |
| $N_p = 12$ | $2.7 \cdot 10^{-3}$ | 0.3945 | $1.8 \cdot 10^{-3}$ | 0.3945 | $2.3 \cdot 10^{-3}$ | 0.3945 |
| $N_p = 14$ | $1.2 \cdot 10^{-3}$ | 0.3945 | $8.1 \cdot 10^{-4}$ | 0.3945 | $1.1 \cdot 10^{-3}$ | 0.3945 |
| $N_p = 16$ | $5.6 \cdot 10^{-4}$ | 0.3945 | $3.7 \cdot 10^{-4}$ | 0.3945 | $4.8 \cdot 10^{-4}$ | 0.3945 |
| $N_p = 18$ | $2.5 \cdot 10^{-4}$ | 0.3945 | $1.7 \cdot 10^{-4}$ | 0.3945 | $2.2 \cdot 10^{-4}$ | 0.3945 |
| $N_p = 20$ | $1.1 \cdot 10^{-4}$ | 0.3945 | $7.6 \cdot 10^{-5}$ | 0.3945 | $9.9 \cdot 10^{-5}$ | 0.3945 |
| $N_p = 22$ | $5.2 \cdot 10^{-5}$ | 0.3945 | $3.5 \cdot 10^{-5}$ | 0.3945 | $4.5 \cdot 10^{-5}$ | 0.3945 |
| $N_p = 24$ | $2.4 \cdot 10^{-5}$ | 0.3945 | $1.6 \cdot 10^{-5}$ | 0.3945 | $2.0 \cdot 10^{-5}$ | 0.3945 |
| $N_p = 26$ | $1.1 \cdot 10^{-5}$ | 0.3945 | $7.1 \cdot 10^{-6}$ | 0.3945 | $9.3 \cdot 10^{-6}$ | 0.3945 |
| $N_p = 28$ | $4.9 \cdot 10^{-6}$ | 0.3945 | $3.2 \cdot 10^{-6}$ | 0.3945 | $4.2 \cdot 10^{-6}$ | 0.3945 |
| $N_p = 30$ | $2.2 \cdot 10^{-6}$ | 0.3945 | $1.5 \cdot 10^{-6}$ | 0.3945 | $1.9 \cdot 10^{-6}$ | 0.3945 |
| $N_p = 32$ | $1.0 \cdot 10^{-6}$ | 0.3944 | $6.7 \cdot 10^{-7}$ | 0.3945 | $8.7 \cdot 10^{-7}$ | 0.3945 |
| $N_p = 34$ | $4.6 \cdot 10^{-7}$ | 0.3947 | $3.0 \cdot 10^{-7}$ | 0.3945 | $4.0 \cdot 10^{-7}$ | 0.3945 |
| $N_p = 36$ | $2.1 \cdot 10^{-7}$ | 0.3946 | $1.4 \cdot 10^{-7}$ | 0.3945 | $1.8 \cdot 10^{-7}$ | 0.3945 |
| $N_p = 38$ | $9.5 \cdot 10^{-8}$ | 0.3943 | $6.3 \cdot 10^{-8}$ | 0.3945 | $8.2 \cdot 10^{-8}$ | 0.3945 |

(a) Zeitpunkt $t = 50$.

| | $\mathcal{L}^1$-Norm | | $\mathcal{L}^2$-Norm | | $\mathcal{L}^\infty$-Norm | |
|---|---|---|---|---|---|---|
| | Fehler $e_{N_p}$ | Ord. $c_{N_p}$ | Fehler $e_{N_p}$ | Ord. $c_{N_p}$ | Fehler $e_{N_p}$ | Ord. $c_{N_p}$ |
| $N_p = 2$ | $9.0 \cdot 10^{-1}$ | | 1.3 | | 7.6 | |
| $N_p = 4$ | $9.0 \cdot 10^{-1}$ | $-0.0016$ | 1.3 | 0.0198 | 7.3 | 0.0198 |
| $N_p = 6$ | $8.9 \cdot 10^{-1}$ | 0.0088 | 1.2 | 0.0198 | 7.0 | 0.0198 |
| $N_p = 8$ | $8.7 \cdot 10^{-1}$ | 0.0131 | 1.2 | 0.0198 | 6.7 | 0.0198 |
| $N_p = 10$ | $8.4 \cdot 10^{-1}$ | 0.0154 | 1.1 | 0.0198 | 6.5 | 0.0198 |
| $N_p = 12$ | $8.1 \cdot 10^{-1}$ | 0.0167 | 1.1 | 0.0198 | 6.2 | 0.0198 |
| $N_p = 14$ | $7.8 \cdot 10^{-1}$ | 0.0175 | 1.1 | 0.0198 | 6.0 | 0.0198 |
| $N_p = 16$ | $7.6 \cdot 10^{-1}$ | 0.0181 | 1.0 | 0.0198 | 5.7 | 0.0198 |
| $N_p = 18$ | $7.3 \cdot 10^{-1}$ | 0.0185 | $9.7 \cdot 10^{-1}$ | 0.0198 | 5.5 | 0.0198 |
| $N_p = 20$ | $7.0 \cdot 10^{-1}$ | 0.0188 | $9.3 \cdot 10^{-1}$ | 0.0198 | 5.3 | 0.0198 |
| $N_p = 22$ | $6.8 \cdot 10^{-1}$ | 0.0190 | $9.0 \cdot 10^{-1}$ | 0.0198 | 5.1 | 0.0198 |
| $N_p = 24$ | $6.5 \cdot 10^{-1}$ | 0.0191 | $8.6 \cdot 10^{-1}$ | 0.0198 | 4.9 | 0.0198 |
| $N_p = 26$ | $6.3 \cdot 10^{-1}$ | 0.0192 | $8.3 \cdot 10^{-1}$ | 0.0198 | 4.7 | 0.0198 |
| $N_p = 28$ | $6.0 \cdot 10^{-1}$ | 0.0194 | $8.0 \cdot 10^{-1}$ | 0.0198 | 4.5 | 0.0198 |
| $N_p = 30$ | $5.8 \cdot 10^{-1}$ | 0.0194 | $7.7 \cdot 10^{-1}$ | 0.0198 | 4.3 | 0.0198 |
| $N_p = 32$ | $5.6 \cdot 10^{-1}$ | 0.0195 | $7.4 \cdot 10^{-1}$ | 0.0198 | 4.2 | 0.0198 |
| $N_p = 34$ | $5.4 \cdot 10^{-1}$ | 0.0196 | $7.1 \cdot 10^{-1}$ | 0.0198 | 4.0 | 0.0198 |
| $N_p = 36$ | $5.1 \cdot 10^{-1}$ | 0.0196 | $6.8 \cdot 10^{-1}$ | 0.0198 | 3.9 | 0.0198 |
| $N_p = 38$ | $4.9 \cdot 10^{-1}$ | 0.0196 | $6.5 \cdot 10^{-1}$ | 0.0198 | 3.7 | 0.0198 |

(b) Zeitpunkt $t = 200$.

**Tabelle 5.2:** Abgeschnittene Fourierreihe $\mathcal{P}_{N_p}\psi$ der exakten Verteilungsfunktion $\psi$ am Beispiel der ebenen Dehnströmung zu unterschiedlichen Zeitpunkten $t$.

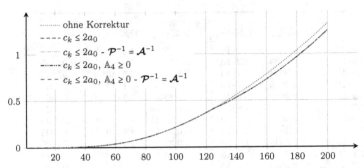

(a) $\mathcal{L}^2$-Fehler für das Verfahren ohne Korrektur und mit Minimierungsproblemen für die Vorkonditionierer $\mathcal{P}^{-1} = \mathcal{I}$ und $\mathcal{P}^{-1} = \mathcal{A}^{-1}$ unter unterschiedlichen Nebenbedingungen.

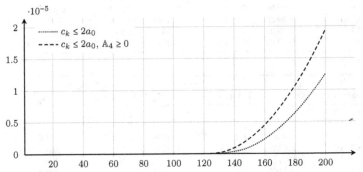

(b) $\mathcal{L}^2$-Norm der Differenz der Minimierungsprobleme für die Vorkonditionierer $\mathcal{P}^{-1} = \mathcal{I}$ und $\mathcal{P}^{-1} = \mathcal{A}^{-1}$ unter unterschiedlichen Nebenbedingungen.

**Abbildung 5.2:** Vergleich der unterschiedlichen Vorkonditionierer $\mathcal{P}^{-1} = \mathcal{I}$ und $\mathcal{P}^{-1} = \mathcal{A}^{-1}$ für die Korrektur mit dem Minimierungsproblem (4.26) am Beispiel der ebenen Dehnströmung, dem Crank-Nicolson-Verfahren zur Zeitschrittweite $\Delta t = 1$ als Zeitdiskretisierung und einer Fourierapproximation der Ordnung $N_{\mathbf{p}} = 6$.

bemerkbar macht. Stattdessen ist der Unterschied beider Vorkonditionierer in der $\mathcal{L}^2$-Norm über das gesamte Zeitintervall kleiner als $2 \cdot 10^{-5}$. Da, wie bereits erwähnt, die Aufspaltung des Minimierungsproblems bei der Wahl des Vorkonditionierers $\mathcal{P}^{-1} = \mathcal{A}^{-1}$ entscheidende Vorteile liefert, können wir uns im weiteren Verlauf der Analyse auf die Wahl dieses Vorkonditionierers beschränken. Alle Varianten zur Gewährleistung der physikalischen Eigenschaften aus dem Abschnitt 4.2 beruhen nach diesem Ergebnis auf der Korrektur einer zuvor berechneten unphysikalischen Zwischenlösung $\tilde{\psi}^{(N_{\mathbf{p}})}(\cdot, t^{n+1})$.

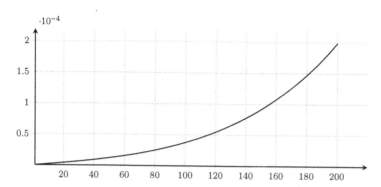

**Abbildung 5.3:** $\mathcal{L}^2$-Fehlerverlauf des Crank-Nicolson-Verfahrens zur Zeitschrittweite $\Delta t = 1$ für das Galerkin-Verfahren ohne Korrektur mit einer Fourierapproximation der Ordnung $N_p$ = 5000 am Beispiel der ebenen Dehnströmung.

Außerdem können wir uns bei den Untersuchungen auf die Zeitdiskretisierung mit dem Crank-Nicolson-Verfahren zur Zeitschrittweite $\Delta t = 1$ konzentrieren: Die Abbildung 5.3 zeigt den zeitlichen $\mathcal{L}^2$-Fehlerverlauf zur analytischen Lösung für eine Fourierapproximation der Ordnung $N_p$ = 5000 unter Verwendung des Crank-Nicolson-Verfahrens zur Zeitschrittweite $\Delta t = 1$ und dem Galerkin-Verfahren ohne Korrektur. Hierbei liegt der Wert im gesamten Zeitintervall $0 \le t \le 200$ in der Größenordnung $2 \cdot 10^{-4}$ und repräsentiert aufgrund der hohen Ordnung $N_p$ = 5000 den Zeitdiskretisierungsfehler. Des Weiteren befindet er sich weit unter den Fehlerverläufen der im Folgenden betrachteten Verfahren und kann daher unberücksichtigt bleiben.

Nachdem wir einige einführende Einschränkungen an die Untersuchung der ebenen Dehnströmung begründet haben, wollen wir nun die im Abschnitt 4.2 hergeleiteten numerischen Verfahren genauer untersuchen und auf ihre Praxistauglichkeit testen. Wir beschränken uns dabei wie zuvor beschrieben auf die zeitliche Diskretisierung mit dem Crank-Nicolson-Verfahren zur Zeitschrittweite $\Delta t = 1$ und das zu untersuchende Zeitintervall $t \in [0, 200]$. Nehmen wir die Korrektur auf der Grundlage des Minimierungsproblems (siehe Abschnitt 4.2.1) vor, so beschränken wir uns ohne explizite Erwähnung auf die Wahl des Vorkonditionierers $\mathcal{P}^{-1} = \mathcal{A}^{-1}$, die einen Zerfall des Minimierungsproblems in mehrere kleinere Minimierungsprobleme mit zum Teil analytischen Lösungen gewährleistet und bei der unabhängig von der Wahl der Nebenbedingungen nahezu identische Ergebnisse erzielt werden konnten. Neben der Korrektur durch das Minimierungsproblem (4.26) gewährleisten wir die physikalischen Eigenschaften durch das Hinzufügen von künstlicher Diffusion mit $\theta = 1$ (siehe Abschnitt 4.2.2) und die Projektion in den Raum nichtnegativer, stetiger und stückweise linearer Funktionen mit $4N_p$ äquidistanten Elementen (siehe Abschnitt 4.2.3). Diese sind in den entsprechenden Graphiken durch die Kennwörter „Min.", „Diff." bzw. „lineare FE" zu erkennen.

Wie im Abschnitt 3.3 gezeigt, können zahlreiche Abschätzungen mittels entsprechender Tensoren für die Fourierkoeffizienten $a_k$ und $b_k$ einer nichtnegativen Verteilungsfunktion hergeleitet werden. Wir wollen uns an dieser Stelle jedoch auf die Beschränkung der Koeffizienten durch die Ungleichungen (3.5) und die positive Semidefinitheit der Orientierungstensoren zweiter und vierter Ordnung $\mathbb{A}_2$ bzw. $\mathbb{A}_4$ konzentrieren. Während die Eigenschaften (3.5) trivial hergeleitet werden konnten und analytische Korrekturen für die Verfahren mittels eines Minimierungsproblems und dem Hinzufügen von künstlicher Diffusion existieren, gewährleisten die positiv semidefiniten Tensoren $\mathbb{A}_2$ und $\mathbb{A}_4$ einen physikalischen effektiven Spannungstensor $\tau_{\text{eff}}$. Dieser ist für eine stabile Diskretisierung der Navier-Stokes-Gleichungen (2.1) unumgänglich.

Man beachte hierbei, dass die im Abschnitt 3 hergeleiteten Abschätzungen für eine nichtnegative Verteilungsfunktion $\psi$ bei der Korrektur „lineare FE" alle auf natürliche Weise erfüllt werden, da die zweite Projektion zurück in den Raum der Fourierapproximationen die exakten Fourierkoeffizienten einer nichtnegativen Funktion liefert.

Neben den Ergebnissen der unterschiedlichen Korrekturverfahren sowie dem Verfahren ohne Korrektur „ohne" wird das entsprechende Resultat der abgeschnittenen Fourierreihe $\mathcal{P}_{N_p}\psi$ der exakten Lösung $\psi$ unter der Kennzeichnung „ex. App." dargestellt. Hierbei sind besonders die Fehlerverläufe in der $\mathcal{L}^2$-Norm sowie die minimalen Eigenwerte des Orientierungstensors $\mathbb{A}_2$ von Interesse. Wir können von den numerischen Verfahren aus Abschnitt 4.2 keine besseren Ergebnisse als die der abgeschnittenen Fourierreihe $\mathcal{P}_{N_p}\psi$ erwarten, da sie die „optimale" Lösung im Raum der Fourierapproximationen darstellt.

Die Ergebnisse der Simulationen mit einer Fourierapproximation der Ordnung $N_p = 6$ am Beispiel der ebenen Dehnströmung sind graphisch in den Abbildungen 5.4 und 5.5 dargestellt. Tabelle 5.3 hält die zugehörigen Werte zu ausgewählten Zeitpunkten $t \in \{50, 100, 150, 200\}$ fest.

Da selbst die abgeschnittene Fourierreihe $\mathcal{P}_{N_p}\psi$ der analytischen Lösung $\psi$ für $N_p = 6$ zum Zeitpunkt $t = 200$ stark von dem exakten Lösungsverlauf $\psi$ abweicht (siehe Abbildung 5.4a), können auch bei den numerischen Methoden zur Simulation der Verteilungsfunktion keine exakten Resultate erwartet werden. Vielmehr steigt der $\mathcal{L}^2$-Fehler aller Verfahren bei fortschreitender Zeit mit geringen Abweichungen wie derjenige der exakten Approximation (siehe Abbildung 5.4b), wobei das Galerkin-Verfahren ohne Korrektur die schlechtesten Ergebnisse liefert (beachte hierzu auch Tabelle 5.3). Bei einer unkorrigierten Methode akkumulieren sich damit unphysikalische Fehler und können bei einem derart monotonen Problem nicht gedämpft werden.

In der Abbildung 5.4a wird außerdem die Grundidee der unterschiedlichen Vorgehensweisen zur Berichtigung unphysikalischer Eigenschaften veranschaulicht:

Während bei der Projektion auf lineare Finite-Elemente negative Funktionswerte unter der Sicherstellung der Massenerhaltung abgeschnitten werden, dämpfen die anderen Korrekturen die Fourierkoeffizienten bis entsprechende Ungleichungen wie $c_k \leq 2a_0$ erfüllt sind. Dabei vermindert das Hinzufügen der künstlichen Diffusion insbesondere die hochfrequenten Anteile. Diese werden bei diesem Beispiel noch unter die Werte der exakten Approximation $\mathcal{P}_{N_p}\psi$ vermindert. Demgegenüber steht die minimale Verminderung der Fourierkoeffizienten durch das Minimierungsproblem (4.26), bei der alle Koeffizienten $a_k$ und $b_k$ paarweise unabhängig unter die Schranke $c_k \leq 2a_0$ gedrückt werden und sie somit im Allgemeinen größer ausfallen als die der abgeschnittenen Fourierreihe $\mathcal{P}_{N_p}\psi$.

Während die Korrekturen aus den Abschnitten 4.2.1 und 4.2.2 die Werte der $\mathcal{L}^1$-, $\mathcal{L}^2$- und $\mathcal{L}^\infty$-Fehlernormen der Fourierapproximationen $\psi^{(N_p)}$ nur geringfügig verändern, liefert die Korrektur mittels der Projektion auf lineare Finite-Elemente schnell abweichende Ergebnisse (siehe Tabelle 5.3): Bereits zum Zeitpunkt $t = 100$, bei dem die anderen Berichtigungen noch keinen Einfluss auf das unkorrigierte Verfahren genommen haben (siehe auch Abbildungen 5.4 und 5.5), sind teilweise erhebliche Abweichungen in den Fehlernormen zu erkennen. Dieses Resultat kann durch die in der Abbildung 3.1 visualisierte Eigenschaft einer abgeschnittenen Fourierreihe erklärt werden: Da $\mathcal{P}_{N_p}\psi$ einer nichtnegativen Verteilungsfunktion $\psi$ durchaus an einigen Stellen negative Werte annehmen kann, versucht die Korrektur „lineare FE" diese eigentlich korrekten Unterschwingungen zu korrigieren. Dadurch wirkt das Verfahren stark dämpfend und der $\mathcal{L}^1$-Fehler dieses Beispiels wird kleiner. Dieser negative Nebeneffekt des Verfahrens wird dadurch verdeutlicht, dass der $\mathcal{L}^1$-Fehler niedriger als derjenige der exakten Approximation $\mathcal{P}_{N_p}\psi$ ausfällt. Auf der anderen Seite liefert das unkorrigierte Galerkin-Verfahren die besten Ergebnisse unter Berücksichtigung der $\mathcal{L}^\infty$-Norm, wobei auch diese unter dem Wert der abgeschnittenen Fourierreihe $\mathcal{P}_{N_p}\psi$ liegen und somit mit Vorsicht zu genießen sind (siehe Tabelle 5.3).

Als Bilanz dieser Aspekte kann zusammengefasst werden, dass die $\mathcal{L}^2$-Norm die Effektivität der numerischen Methoden am besten beschreibt und aufgrund der Orthogonalität der Fourierbasisfunktionen als die natürliche Norm angesehen werden kann. Nach der Gleichung (2.26) ist der $\mathcal{L}^2$-Fehler aller numerischer Verfahren trivialerweise größer als derjenige der exakten Approximation $\mathcal{P}_{N_p}\psi$, wobei die Verbesserungen mit dem Minimierungsproblem (4.26) die geringsten Abweichungen lieferten (siehe Tabelle 5.3 und Abbildung 5.4b).

Betrachten wir als nächstes den Fehler bei der Approximation des Orientierungstensors zweiter Ordnung $\mathbb{A}_2$, welcher sich mit den Fourierkoeffizienten $a_0$, $a_2$ und $b_2$ durch die Formel (3.18) berechnen lässt. In der Abbildung 5.5a ist besonders der Fehlerverlauf des Verfahrens „lineare FE" auffällig: Während alle weiteren Verfahren zu Beginn den Orientierungstensor $\mathbb{A}_2$ sehr genau wiedergeben können, scheitert die Methode „lineare FE" bereits ab dem Zeitpunkt $t \approx 75$. Andere Methoden zur Korrektur weichen zu späteren Zeitpunkten durch auffällige Abknickungen von dem Fehlerverlauf des unkorrigierten Verfahrens ab und erzeugen so bessere Resultate.

Diese plötzlichen Krümmungen können durch die Verletzung einer (weiteren) Nebenbedingung und den resultierenden Abänderungen der Koeffizienten begründet werden. Der minimale Eigenwert des Tensors zweiter Ordnung ist nach Satz 3.1 gegeben durch $\lambda_{\min}(\mathbb{A}_2) = \frac{\pi}{2}(2a_0 - c_2)$ und in der Abbildung 5.5c in Abhängigkeit von der Zeit $t$ dargestellt. Für die exakte Lösung schmiegt sich dieser an den Wert Null an, gleichzeitig wird der minimale Eigenwert von $\mathbb{A}_2$ des unkorrigierten Verfahrens negativ. Keine Korrektur erlaubt hingegen $\lambda_{\min}(\mathbb{A}_2) < 0$ (beachte dazu die Äquivalenz von $\mathbb{A}_2 \geq 0$ zu $c_2 \leq 2a_0$), sodass spätestens zum Zeitpunkt $t \approx 145$, an dem $\lambda_{\min}(\mathbb{A}_2)$ für das unkorrigierte Verfahren negativ wird, eine Korrektur durchgeführt werden muss und der Fehlerverlauf von $\mathbb{A}_2$ von dem des Verfahrens ohne Korrektur plötzlich abweicht.

Ähnliche Verhalten sind auch beim Orientierungstensor vierter Ordnung $\mathbb{A}_4$ in den Abbildungen 5.5b und 5.5d zu erkennen, wobei in der Abbildung 5.5d und der Tabelle 5.3 sehr deutlich die Missachtungen der positiven Semidefinitheit von $\mathbb{A}_4$ für die Verfahren ohne Korrektur sowie „Min. $c_k$" und „Diff. $c_k$" zu erkennen sind. Die Einträge $-0.0006$ bei der Methode „Diff. $c_k$, $\mathbb{A}_4$" in den Tabellen 5.3c und 5.3d müssen auf die `MATLAB`-Routine `fmincon` zum Lösen des Minimierungsproblems (4.48) geschoben werden und können wir daher vernachlässigen. Man beachte außerdem, dass $\lambda_{\min}(\mathbb{A}_4) \leq 0$ aufgrund der Singularität des Orientierungstensors vierter Ordnung $\mathbb{A}_4$ gilt und so die Knicke in der Abbildung 5.5d zum Zeitpunkt $t \approx 120$ entstehen.

Zusammenfassend lässt sich festhalten, dass für das Beispiel der ebenen Dehnströmung zahlreiche Fourierkoeffizienten relevante Beiträge zu der analytischen Lösung $\psi$ liefern. Daher kann eine Approximation $\psi^{(N_P)}$ der Ordnung $N_P = 6$, wie wir sie bislang ausschließlich betrachtet haben, nur sehr ungenaue Ergebnisse über die Verteilungsfunktion $\psi$ liefern. Ein unkorrigiertes Galerkin-Verfahren kann außerdem die im Abschnitt 3 hergeleiteten Abschätzungen für die Fourierkoeffizienten nicht sicherstellen. Diese lassen sich in beliebiger Komplexität durch Minimierungsprobleme und das Hinzufügen von künstlicher Diffusion sicherstellen ohne den Verlauf der Lösung und damit die Genauigkeit des Galerkin-Verfahrens grundlegend zu beeinflussen. Die Korrektur mittels Projektion in den Raum nichtnegativer linearer Finite-Elemente gewährleistet grundsätzlich auch die physikalischen Eigenschaften, verzerrt jedoch stark den unkorrigierten Lösungsverlauf und ist, wie im Abschnitt 4.2.3 beschrieben, sehr aufwendig. Wir werden sie daher im weiteren Verlauf der Analyse nicht weiter berücksichtigen.

Nachdem wir uns ausführlich mit den Verfahren zur Korrektur des Galerkin-Verfahrens am Beispiel einer Fourierapproximation $\psi^{(N_P)}$ der Ordnung $N_P = 6$ beschäftigt haben, wollen wir nun näher auf die Konvergenz der Verfahren eingehen und diese mit der Konvergenz der abgeschnittenen Fourierreihe $\mathcal{P}_{N_P}\psi$, die in den Tabellen 5.1 und 5.2 genauer untersucht wurde, vergleichen. In der Abbildung 5.6 sind die finale Verteilungsfunktion $\psi$ und der $\mathcal{L}^2$-Fehlerverlauf der Verfahren ohne Korrektur und mit den Korrekturen aus den Abschnitten 4.2.1 und 4.2.2 für unterschiedliche Ordnungen $N_P$ der Fourierapproximation $\psi^{(N_P)}$ dargestellt. Die

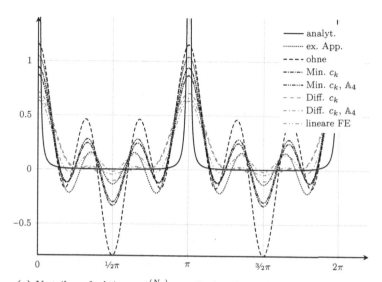

(a) Verteilungsfunktionen $\psi^{(N_\mathbf{P})}$ zum finalen Zeitpunkt $t = 200$.

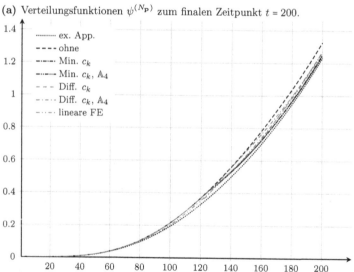

(b) $\mathcal{L}^2$-Fehlernorm der Verteilungsfunktion $\psi^{(N_\mathbf{P})}$ in Abhängigkeit vom Zeitpunkt $t$.

**Abbildung 5.4:** Finale Verteilungsfunktion und $\mathcal{L}^2$-Fehlerverlauf unterschiedlicher numerischer Verfahren mit einer Fourierapproximation der Ordnung $N_\mathbf{P} = 6$ am Beispiel der ebenen Dehnströmung.

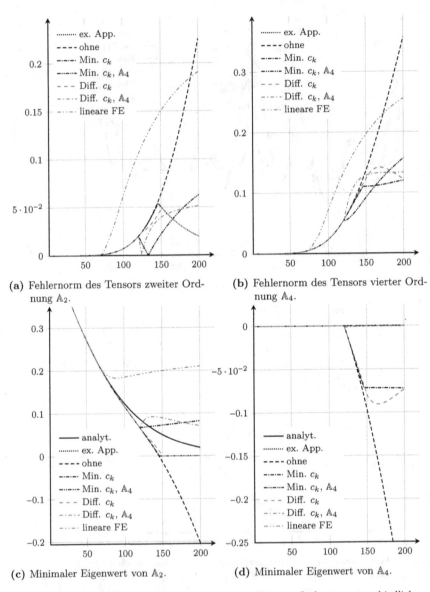

(a) Fehlernorm des Tensors zweiter Ordnung $\mathbb{A}_2$.

(b) Fehlernorm des Tensors vierter Ordnung $\mathbb{A}_4$.

(c) Minimaler Eigenwert von $\mathbb{A}_2$.

(d) Minimaler Eigenwert von $\mathbb{A}_4$.

**Abbildung 5.5:** Orientierungstensoren zweiter und vierter Ordnung unterschiedlicher numerischer Verfahren mit einer Fourierapproximation der Ordnung $N_\mathrm{p} = 6$ am Beispiel der ebenen Dehnströmung in Abhängigkeit von der Zeit $t$.

**(a) Zeitpunkt $t = 50$.**

| | $\mathcal{L}^1$-Norm | $\mathcal{L}^2$-Norm | $\mathcal{L}^\infty$-Norm | Fehler $\mathbb{A}_2$ | $\lambda_{min}(\mathbb{A}_2)$ | Fehler $\mathbb{A}_4$ | $\lambda_{min}(\mathbb{A}_4)$ |
|---|---|---|---|---|---|---|---|
| ex. App. | 0.0287 | 0.0191 | 0.0248 | $3.5918\cdot 10^{-12}$ | 0.2729 | $3.5274\cdot 10^{-12}$ | $2.7756\cdot 10^{-17}$ |
| ohne | 0.0312 | 0.0198 | 0.0213 | $8.2312\cdot 10^{-5}$ | 0.2728 | 0.0006 | $-2.7756\cdot 10^{-17}$ |
| Min. $c_k$ | 0.0312 | 0.0198 | 0.0213 | $8.2312\cdot 10^{-5}$ | 0.2728 | 0.0006 | $-2.7756\cdot 10^{-17}$ |
| Min. $c_k$, $\mathbb{A}_4$ | 0.0312 | 0.0198 | 0.0213 | $8.2312\cdot 10^{-5}$ | 0.2728 | 0.0006 | $-2.7756\cdot 10^{-17}$ |
| Diff. $c_k$ | 0.0312 | 0.0198 | 0.0213 | $8.2312\cdot 10^{-5}$ | 0.2728 | 0.0006 | $-2.7756\cdot 10^{-17}$ |
| Diff. $c_k$, $\mathbb{A}_4$ | 0.0312 | 0.0198 | 0.0213 | $8.2312\cdot 10^{-5}$ | 0.2728 | 0.0006 | $-2.7756\cdot 10^{-17}$ |
| lineare FE | 0.0310 | 0.0197 | 0.0217 | $6.1233\cdot 10^{-5}$ | 0.2728 | 0.0006 | $1.7347\cdot 10^{-17}$ |
| analyt. | | | | | 0.2729 | | $1.3878\cdot 10^{-17}$ |

**(b) Zeitpunkt $t = 100$.**

| | $\mathcal{L}^1$-Norm | $\mathcal{L}^2$-Norm | $\mathcal{L}^\infty$-Norm | Fehler $\mathbb{A}_2$ | $\lambda_{min}(\mathbb{A}_2)$ | Fehler $\mathbb{A}_4$ | $\lambda_{min}(\mathbb{A}_4)$ |
|---|---|---|---|---|---|---|---|
| ex. App. | 0.2493 | 0.1951 | 0.4149 | $2.1166\cdot 10^{-12}$ | 0.1234 | $4.2331\cdot 10^{-12}$ | $-1.9949\cdot 10^{-17}$ |
| ohne | 0.3219 | 0.2154 | 0.3697 | 0.0070 | 0.1165 | 0.0231 | $-1.3878\cdot 10^{-17}$ |
| Min. $c_k$ | 0.3219 | 0.2154 | 0.3697 | 0.0070 | 0.1165 | 0.0231 | $-1.3878\cdot 10^{-17}$ |
| Min. $c_k$, $\mathbb{A}_4$ | 0.3219 | 0.2154 | 0.3697 | 0.0070 | 0.1165 | 0.0231 | $-1.3878\cdot 10^{-17}$ |
| Diff. $c_k$ | 0.3219 | 0.2154 | 0.3697 | 0.0070 | 0.1165 | 0.0231 | $-1.3878\cdot 10^{-17}$ |
| Diff. $c_k$, $\mathbb{A}_4$ | 0.3219 | 0.2154 | 0.3697 | 0.0070 | 0.1165 | 0.0231 | $-1.3878\cdot 10^{-17}$ |
| lineare FE | 0.2459 | 0.2033 | 0.4811 | 0.0614 | 0.1848 | 0.0712 | $-4.1683\cdot 10^{-17}$ |
| analyt. | | | | | 0.1234 | | $5.5511\cdot 10^{-17}$ |

**Tabelle 5.3:** Unterschiedliche numerische Verfahren mit einer Fourierapproximation der Ordnung $N_p = 6$ zu verschiedenen Zeitpunkten am Beispiel der ebenen Dehnströmung.

| | $\mathcal{L}^1$-Norm | $\mathcal{L}^2$-Norm | $\mathcal{L}^\infty$-Norm | Fehler $A_2$ $\cdot 10^{-12}$ | $\lambda_{\min}(A_2)$ | Fehler $A_4$ $\cdot 10^{-12}$ | $\lambda_{\min}(A_4)$ |
|---|---|---|---|---|---|---|---|
| ex. App. | 0.5952 | 0.5985 | 2.0774 | $3.2633 \cdot 10^{-12}$ | 0.0502 | $5.0513 \cdot 10^{-12}$ | $6.9389 \cdot 10^{-18}$ |
| ohne | 0.8660 | 0.6687 | 1.9819 | 0.0640 | −0.0138 | 0.1368 | −0.0969 |
| Min. $c_k$ | 0.7118 | 0.6252 | 2.0698 | 0.0502 | $-1.1440 \cdot 10^{-15}$ | 0.1100 | −0.0719 |
| Min. $c_k$, $A_4$ | 0.6993 | 0.6240 | 2.1153 | 0.0222 | 0.0724 | 0.0920 | $-8.1463 \cdot 10^{-11}$ |
| Diff. $c_k$ | 0.7176 | 0.6316 | 2.0928 | 0.0480 | 0.0021 | 0.1228 | −0.0795 |
| Diff. $c_k$, $A_4$ | 0.5147 | 0.6610 | 2.4168 | 0.0394 | 0.0896 | 0.1286 | −0.0006 |
| lineare FE | 0.4814 | 0.6353 | 2.3716 | 0.1499 | 0.2001 | 0.1967 | $4.1234 \cdot 10^{-17}$ |
| analyt. | | | | | 0.0502 | | $1.2577 \cdot 10^{-17}$ |

**(c)** Zeitpunkt $t = 150$.

| | $\mathcal{L}^1$-Norm | $\mathcal{L}^2$-Norm | $\mathcal{L}^\infty$-Norm | Fehler $A_2$ $\cdot 10^{-12}$ | $\lambda_{\min}(A_2)$ | Fehler $A_4$ $\cdot 10^{-12}$ | $\lambda_{\min}(A_4)$ |
|---|---|---|---|---|---|---|---|
| ex. App. | 0.8881 | 1.2328 | 6.9861 | $5.7724 \cdot 10^{-12}$ | 0.0194 | $8.4287 \cdot 10^{-12}$ | $2.3852 \cdot 10^{-17}$ |
| ohne | 1.3206 | 1.3272 | 6.8740 | 0.2248 | −0.2054 | 0.3565 | −0.3319 |
| Min. $c_k$ | 0.9255 | 1.2477 | 7.0866 | 0.0194 | $-1.1620 \cdot 10^{-15}$ | 0.1198 | −0.0724 |
| Min. $c_k$, $A_4$ | 0.9080 | 1.2524 | 7.1579 | 0.0627 | 0.0821 | 0.1567 | $-8.6581 \cdot 10^{-11}$ |
| Diff. $c_k$ | 0.7330 | 1.2711 | 7.3196 | 0.0194 | 0 | 0.1217 | −0.0735 |
| Diff. $c_k$, $A_4$ | 0.6751 | 1.2724 | 7.3661 | 0.0513 | 0.0707 | 0.1333 | −0.0006 |
| lineare FE | 0.6732 | 1.2677 | 7.3932 | 0.1907 | 0.2101 | 0.2557 | $-1.4806 \cdot 10^{-17}$ |
| analyt. | | | | | 0.0194 | | $-3.2526 \cdot 10^{-18}$ |

**(d)** Zeitpunkt $t = 200$.

**Tabelle 5.3:** Unterschiedliche numerische Verfahren mit einer Fourierapproximation der Ordnung $N_\mathrm{p} = 6$ zu verschiedenen Zeitpunkten am Beispiel der ebenen Dehnströmung.

Abbildungen 5.7 und 5.8 zeigen die entsprechenden Verläufe für den minimalen Eigenwert und den Fehlerverlauf des Orientierungstensors zweiter bzw. vierter Ordnung. Die korrigierten Verfahren konzentrieren sich hierbei jeweils auf die vollständigen Nebenbedingungen $c_k \leq 2a_0$ für alle $1 \leq k \leq N_p$ und $\mathbb{A}_4 \geq 0$.

Wiederholt veranschaulichen die Abbildungen 5.6a, 5.6b und 5.6c die Korrektur der verschiedenen Verfahren zur Gewährleistung der Ungleichung $c_k \leq 2a_0$: Das Minimierungsproblem (4.26) zerfällt aufgrund der Orthogonalität (3.2) der Fourier-basisfunktionen in zahlreiche kleine Probleme, sodass die Fourierkoeffizienten $a_k$ und $b_k$ paarweise unabhängig voneinander korrigiert werden können und somit die Abänderung der Koeffizienten die Amplitude der Verteilungsfunktion minimiert, ohne übermäßig diffusiv zu wirken (siehe Abbildung 5.6b). Demgegenüber steht die Berichtigung der Fourierapproximation durch das Hinzufügen von künstlicher Diffusion, dessen Ziel es ist, die Verminderung aller Koeffizienten $c_k$ bzw. $a_k$ und $b_k$ aneinander zu koppeln und damit die hochfrequenten Basisfunktionen stärker zu gewichten bzw. höher zu dämpfen (siehe Abbildung 5.6c).

Die Verläufe der $\mathcal{L}^2$-Fehler werden bei den Korrekturen nur geringfügig vermindert und behalten bei Erhöhung der Ordnung $N_p$ die monoton abfallende Folge der unkorrigierten Fehlerverläufe bei (siehe Abbildungen 5.6d, 5.6e und 5.6f). Lediglich bei der Korrektur mittels künstlicher Diffusion sind leichte Unregelmäßigkeiten zu erkennen. Dies gibt einen ersten qualitativen Hinweis darauf, dass auch bei dem Galerkin-Verfahren ähnliche Konvergenzordnungen und Fehlerabschätzungen wie bei der exakten abgeschnittenen Fourierreihe $\mathcal{P}_{N_p}\psi$ sichergestellt werden können und somit eine Erhöhung der Ordnung $N_p$ mit einer im Allgemeinen genaueren Näherung $\psi^{(N_p)}$ belohnt wird. Genauere Untersuchungen dieser Aspekte folgen später.

Ähnliche Ergebnisse wie bei der Untersuchung des $\mathcal{L}^2$-Fehlers können auch bei den Fehlerverläufen der Orientierungstensoren zweiter und vierter Ordnung beobachtet werden (siehe Abbildungen 5.7 und 5.8): Während die Fehlerverläufe der unkorrigierten Verfahren bei ansteigendem $N_p$ eine regelmäßige und monoton fallende Folge bilden, bei der der Fehler unabhängig von der Ordnung $N_p$ mit der Zeit $t$ ansteigt, wird diese weiterhin sichtbare Tendenz aufgrund der Korrekturen erheblich unterbrochen. Diese Neigung macht sich erneut besonders stark bei den Korrekturen mittels künstlicher Diffusion bemerkbar, bei denen beispielsweise die Fourierapproximationen $\psi^{(N_p)}$ zum finalen Zeitpunkt $t = 200$ für die Ordnungen $N_p = 6, 10, 12, 14$ sehr ähnliche Fehler für die Tensoren $\mathbb{A}_2$ und $\mathbb{A}_4$ aufweisen (siehe Abbildungen 5.7f und 5.8f). An dieser Stelle sei zudem die allgemeine Reduzierung der Fehler für die Orientierungstensoren durch eine der beiden Korrekturtechniken unabhängig von der Ordnung $N_p$ anzumerken, wobei der Fehler unter der Verwendung des Minimierungsproblems (4.26) weiter gedrückt werden kann als durch das Hinzufügen von künstlicher Diffusion. Die Abbildungen 5.7a, 5.7b und 5.7c verbildlichen den Einfluss der Korrekturen auf den Verlauf des minimalen Eigenwertes von $\mathbb{A}_2$: Unter Verwendung des Minimierungsproblems aus Abschnitt 4.2.1 verbleiben diese bei dem Beispiel der ebenen Dehnströmung nach den ersten Korrekturen auf einem konstanten Wert. Hingegen werden bei der Korrektur durch das Hinzufügen von künstlicher Diffusion die Verbesserungen unterschiedlicher Fourierkoeffizienten aneinander gekoppelt und der minimale Eigenwert $\lambda_{min}(\mathbb{A}_2)$ maßgeblich beeinflusst. In der Abbildung 5.8c, welche die minimalen Eigenwerte $\lambda_{min}(\mathbb{A}_4)$ der Galerkin-Verfahren unter Verwendung der Korrektur mittels künstlicher Diffusion darstellt, müssen erneut die auffälligen negativen Ausschläge auf die MATLAB-Routine fmincon geschoben werden, die zur Berechnung des Minimums $\bar{\mu}$ des Problems (4.48) verwendet wurde.

Neben diesen qualitativen Untersuchungen können auch Resultate der quantitativen Konvergenz untersucht werden: Hierzu wurden analog zur Tabelle 5.2 der Fehler $e_{N_p}$ der approximierten Verteilungsfunktion $\psi^{(N_p)}$ gegenüber der analytischen Lösung $\psi$ und die approximierte exponentielle Konvergenzordnung $c_{N_p}$ mit der Formel (5.20) berechnet. Die Tabellen 5.4 und 5.5 halten diese Resultate für die $\mathcal{L}^1$-, $\mathcal{L}^2$- und $\mathcal{L}^\infty$-Norm für die unterschiedlichen Galerkin-Verfahren mit und ohne Korrektur für die Zeitpunkte $t = 50$ und $t = 200$ fest. Hierbei wurde die Zeitschrittweite durch $\Delta t = 1 \cdot N_p^{-1}$ an die Ordnung $N_p$ der Fourierapproximation gekoppelt, um den Einfluss des Zeitdiskretisierungsfehlers unter Verwendung des Crank-Nicolson Verfahrens zu unterdrücken (siehe Abbildung 5.3).

Wie zu erwarten ist, liefern alle Verfahren zur Zeit $t = 50$ (siehe Tabelle 5.4) die selben Ergebnisse, da der Lösungsverlauf der analytischen Lösung sehr glatt ist sowie eine geringe Amplitude aufweist (siehe Abbildung 5.1) und somit keine Korrekturen durchgeführt werden müssen. Der Fehler weicht zu diesem frühen Stadium um lediglich 10 % von dem Wert der abgeschnittenen Fourierreihe $\mathcal{P}_{N_p}\psi$ ab und konvergiert damit nahezu mit der selben Konvergenzordnung $c \approx 0.3945$.

Zum Zeitpunkt $t = 200$ üben die Korrekturmethoden bei niederigen Ordnungen $N_p$ einen erheblichen Einfluss auf den Lösungsverlauf aus, sodass der Fehler der korrigierten Verfahren in den unterschiedlichen Normen geringer ausfällt als bei dem unkorrigierten Verfahren. Bei zunehmender Approximationsordnung $N_p$ nimmt der Korrektureffekt ab bis keine Korrektur mehr nötig ist und die Lösungsverläufe der korrigierten Verfahren sich denjenigen des unkorrigierten Verfahrens nähern. Dieses Verhalten macht sich insbesondere in den Konvergenzordnungen bemerkbar. Die Konvergenzordnung $c \approx 0.0198$ der exakten Approximation $\mathcal{P}_{N_p}\psi$ zur Zeit $t = 200$ (siehe Tabelle 5.2b) fällt beim Übergang zum unkorrigierten Galerkin-Verfahren (siehe Tabelle 5.5a) auf den Wert $c_{N_p} \approx 0.016$ bei der $\mathcal{L}^1$- und $\mathcal{L}^2$-Norm und niedrigen Ordnungen $N_p$. Wird die Ordnung $N_p$ erhöht, so konvergiert dieser gegen die Ordnung $c \approx 0.0198$. Bei der Methode mit dem Minimierungsproblem (4.26) sind die Fehler bei geringen Ordnungen $N_p$ kleiner als bei dem unkorrigierten Verfahren, sodass die Konvergenzordnung $c_{N_p}$ gegenüber der unkorrigierten Methode leicht reduziert ist. Die Methode aus dem Abschnitt 4.2.2, die unphysikalische Eigenschaften der Verteilungsfunktion $\psi$ durch das Hinzufügen von künstlicher Diffusion beseitigt, erzeugt keine derart monotone Konvergenz wie das Verfahren „Min.", sodass die Konvergenzordnung $c_{N_p}$ teilweise durch negative Werte unterbrochen wird ($N_p = 10$, 14 und 18). Außerdem fällt auf, dass aufgrund der „Verbesserungen"

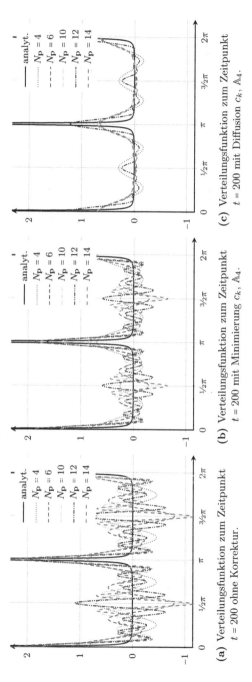

(a) Verteilungsfunktion zum Zeitpunkt $t = 200$ ohne Korrektur.

(b) Verteilungsfunktion zum Zeitpunkt $t = 200$ mit Minimierung $c_k$, $\mathbb{A}_4$.

(c) Verteilungsfunktion zum Zeitpunkt $t = 200$ mit Diffusion $c_k$, $\mathbb{A}_4$.

**Abbildung 5.6:** Finale Verteilungsfunktion zum Zeitpunkt $t = 200$ und Verlauf der $\mathcal{L}^2$-Fehlernorm für unterschiedliche Verfahren in Abhängigkeit von $N_p$ am Beispiel der ebenen Dehnströmung.

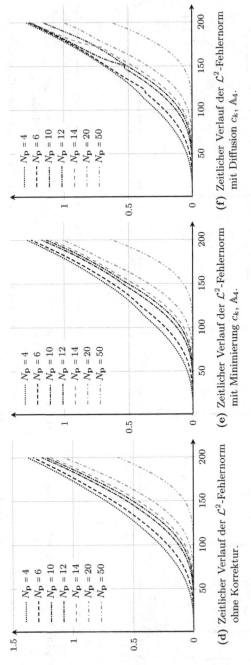

**(d)** Zeitlicher Verlauf der $\mathcal{L}^2$-Fehlernorm ohne Korrektur.

**(e)** Zeitlicher Verlauf der $\mathcal{L}^2$-Fehlernorm mit Minimierung $c_k$, $\mathbb{A}_4$.

**(f)** Zeitlicher Verlauf der $\mathcal{L}^2$-Fehlernorm mit Diffusion $c_k$, $\mathbb{A}_4$.

**Abbildung 5.6:** Finale Verteilungsfunktion zum Zeitpunkt $t = 200$ und Verlauf der $\mathcal{L}^2$-Fehlernorm für unterschiedliche Verfahren in Abhängigkeit von $N_{\mathrm{p}}$ am Beispiel der ebenen Dehnströmung.

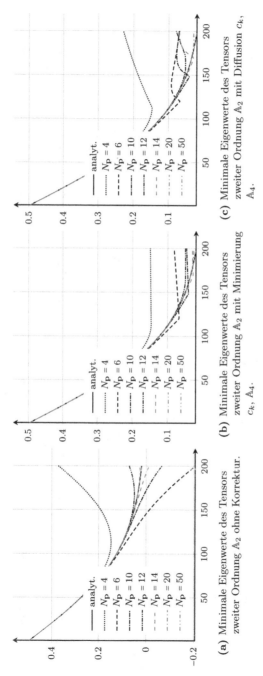

(a) Minimale Eigenwerte des Tensors zweiter Ordnung $\mathbb{A}_2$ ohne Korrektur.

(b) Minimale Eigenwerte des Tensors zweiter Ordnung $\mathbb{A}_2$ mit Minimierung $c_k$, $\mathbb{A}_4$.

(c) Minimale Eigenwerte des Tensors zweiter Ordnung $\mathbb{A}_2$ mit Diffusion $c_k$, $\mathbb{A}_4$.

**Abbildung 5.7:** Zeitlicher Verlauf der minimalen Eigenwerte und der Fehlernorm des Orientierungstensors zweiter Ordnung $\mathbb{A}_2$ für unterschiedliche Verfahren in Abhängigkeit von $N_P$ am Beispiel der ebenen Dehnströmung.

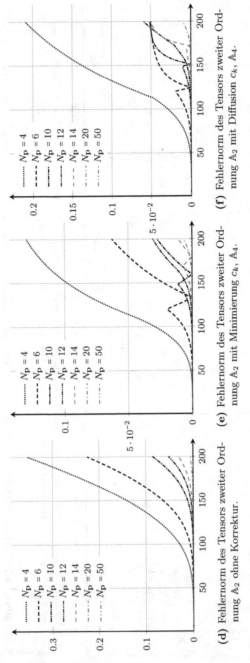

**(d)** Fehlernorm des Tensors zweiter Ordnung $A_2$ ohne Korrektur.

**(e)** Fehlernorm des Tensors zweiter Ordnung $A_2$ mit Minimierung $c_k$, $A_4$.

**(f)** Fehlernorm des Tensors zweiter Ordnung $A_2$ mit Diffusion $c_k$, $A_4$.

**Abbildung 5.7:** Zeitlicher Verlauf der minimalen Eigenwerte und der Fehlernorm des Orientierungstensors zweiter Ordnung $A_2$ für unterschiedliche Verfahren in Abhängigkeit von $N_P$ am Beispiel der ebenen Dehnströmung.

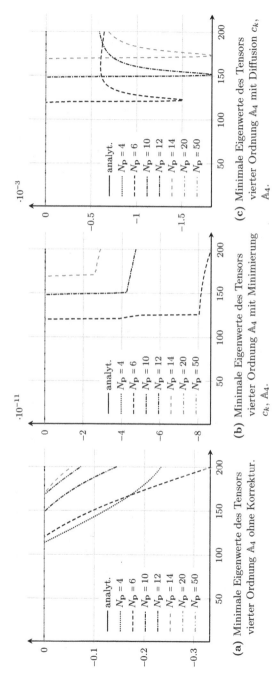

(a) Minimale Eigenwerte des Tensors vierter Ordnung $\mathbb{A}_4$ ohne Korrektur.

(b) Minimale Eigenwerte des Tensors vierter Ordnung $\mathbb{A}_4$ mit Minimierung $c_k$, $\mathbb{A}_4$.

(c) Minimale Eigenwerte des Tensors vierter Ordnung $\mathbb{A}_4$ mit Diffusion $c_k$, $\mathbb{A}_4$.

**Abbildung 5.8:** Zeitlicher Verlauf der minimalen Eigenwerte und der Fehlernorm des Orientierungstensors vierter Ordnung $\mathbb{A}_4$ für unterschiedliche Verfahren in Abhängigkeit von $N_\mathrm{p}$ am Beispiel der ebenen Dehnströmung.

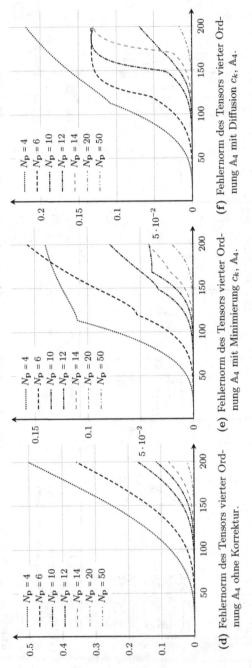

**(d)** Fehlernorm des Tensors vierter Ordnung $A_4$ ohne Korrektur.

**(e)** Fehlernorm des Tensors vierter Ordnung $A_4$ mit Minimierung $c_k$, $A_4$.

**(f)** Fehlernorm des Tensors vierter Ordnung $A_4$ mit Diffusion $c_k$, $A_4$.

**Abbildung 5.8:** Zeitlicher Verlauf der minimalen Eigenwerte und der Fehlernorm des Orientierungstensors vierter Ordnung $A_4$ für unterschiedliche Verfahren in Abhängigkeit von $N_P$ am Beispiel der ebenen Dehnströmung.

| | $\mathcal{L}^1$-Norm | | $\mathcal{L}^2$-Norm | | $\mathcal{L}^\infty$-Norm | |
|---|---|---|---|---|---|---|
| | Fehler $e_{N_\mathrm{p}}$ | Ord. $c_{N_\mathrm{p}}$ | Fehler $e_{N_\mathrm{p}}$ | Ord. $c_{N_\mathrm{p}}$ | Fehler $e_{N_\mathrm{p}}$ | Ord. $c_{N_\mathrm{p}}$ |
| $N_\mathrm{p} = 2$ | $1.5 \cdot 10^{-1}$ | | $9.4 \cdot 10^{-2}$ | | $1.1 \cdot 10^{-1}$ | |
| $N_\mathrm{p} = 4$ | $6.8 \cdot 10^{-2}$ | 0.3817 | $4.3 \cdot 10^{-2}$ | 0.3872 | $4.8 \cdot 10^{-2}$ | 0.4128 |
| $N_\mathrm{p} = 6$ | $3.1 \cdot 10^{-2}$ | 0.3867 | $2.0 \cdot 10^{-2}$ | 0.3889 | $2.1 \cdot 10^{-2}$ | 0.4028 |
| $N_\mathrm{p} = 8$ | $1.4 \cdot 10^{-2}$ | 0.3893 | $9.1 \cdot 10^{-3}$ | 0.3903 | $9.6 \cdot 10^{-3}$ | 0.3990 |
| $N_\mathrm{p} = 10$ | $6.6 \cdot 10^{-3}$ | 0.3909 | $4.1 \cdot 10^{-3}$ | 0.3913 | $4.3 \cdot 10^{-3}$ | 0.3972 |
| $N_\mathrm{p} = 12$ | $3.0 \cdot 10^{-3}$ | 0.3918 | $1.9 \cdot 10^{-3}$ | 0.3921 | $2.0 \cdot 10^{-3}$ | 0.3963 |
| $N_\mathrm{p} = 14$ | $1.4 \cdot 10^{-3}$ | 0.3925 | $8.6 \cdot 10^{-4}$ | 0.3926 | $8.9 \cdot 10^{-4}$ | 0.3957 |
| $N_\mathrm{p} = 16$ | $6.2 \cdot 10^{-4}$ | 0.3929 | $3.9 \cdot 10^{-4}$ | 0.3929 | $4.0 \cdot 10^{-4}$ | 0.3954 |
| $N_\mathrm{p} = 18$ | $2.8 \cdot 10^{-4}$ | 0.3932 | $1.8 \cdot 10^{-4}$ | 0.3932 | $1.8 \cdot 10^{-4}$ | 0.3952 |
| $N_\mathrm{p} = 20$ | $1.3 \cdot 10^{-4}$ | 0.3934 | $8.2 \cdot 10^{-5}$ | 0.3934 | $8.3 \cdot 10^{-5}$ | 0.3951 |
| $N_\mathrm{p} = 22$ | $5.9 \cdot 10^{-5}$ | 0.3936 | $3.7 \cdot 10^{-5}$ | 0.3936 | $3.8 \cdot 10^{-5}$ | 0.3951 |
| $N_\mathrm{p} = 24$ | $2.7 \cdot 10^{-5}$ | 0.3937 | $1.7 \cdot 10^{-5}$ | 0.3937 | $1.7 \cdot 10^{-5}$ | 0.3952 |
| $N_\mathrm{p} = 26$ | $1.2 \cdot 10^{-5}$ | 0.3938 | $7.7 \cdot 10^{-6}$ | 0.3938 | $7.8 \cdot 10^{-6}$ | 0.3954 |
| $N_\mathrm{p} = 28$ | $5.5 \cdot 10^{-6}$ | 0.3938 | $3.5 \cdot 10^{-6}$ | 0.3939 | $3.5 \cdot 10^{-6}$ | 0.3959 |
| $N_\mathrm{p} = 30$ | $2.5 \cdot 10^{-6}$ | 0.3940 | $1.6 \cdot 10^{-6}$ | 0.3939 | $1.6 \cdot 10^{-6}$ | 0.3970 |
| $N_\mathrm{p} = 32$ | $1.1 \cdot 10^{-6}$ | 0.3940 | $7.2 \cdot 10^{-7}$ | 0.3940 | $7.1 \cdot 10^{-7}$ | 0.3991 |

(a) ohne Korrektur

| | $\mathcal{L}^1$-Norm | | $\mathcal{L}^2$-Norm | | $\mathcal{L}^\infty$-Norm | |
|---|---|---|---|---|---|---|
| | Fehler $e_{N_\mathrm{p}}$ | Ord. $c_{N_\mathrm{p}}$ | Fehler $e_{N_\mathrm{p}}$ | Ord. $c_{N_\mathrm{p}}$ | Fehler $e_{N_\mathrm{p}}$ | Ord. $c_{N_\mathrm{p}}$ |
| $N_\mathrm{p} = 2$ | $1.5 \cdot 10^{-1}$ | | $9.4 \cdot 10^{-2}$ | | $1.1 \cdot 10^{-1}$ | |
| $N_\mathrm{p} = 4$ | $6.8 \cdot 10^{-2}$ | 0.3817 | $4.3 \cdot 10^{-2}$ | 0.3872 | $4.8 \cdot 10^{-2}$ | 0.4128 |
| $N_\mathrm{p} = 6$ | $3.1 \cdot 10^{-2}$ | 0.3867 | $2.0 \cdot 10^{-2}$ | 0.3889 | $2.1 \cdot 10^{-2}$ | 0.4028 |
| $N_\mathrm{p} = 8$ | $1.4 \cdot 10^{-2}$ | 0.3893 | $9.1 \cdot 10^{-3}$ | 0.3903 | $9.6 \cdot 10^{-3}$ | 0.3990 |
| $N_\mathrm{p} = 10$ | $6.6 \cdot 10^{-3}$ | 0.3909 | $4.1 \cdot 10^{-3}$ | 0.3913 | $4.3 \cdot 10^{-3}$ | 0.3972 |
| $N_\mathrm{p} = 12$ | $3.0 \cdot 10^{-3}$ | 0.3918 | $1.9 \cdot 10^{-3}$ | 0.3921 | $2.0 \cdot 10^{-3}$ | 0.3963 |
| $N_\mathrm{p} = 14$ | $1.4 \cdot 10^{-3}$ | 0.3925 | $8.6 \cdot 10^{-4}$ | 0.3926 | $8.9 \cdot 10^{-4}$ | 0.3957 |
| $N_\mathrm{p} = 16$ | $6.2 \cdot 10^{-4}$ | 0.3929 | $3.9 \cdot 10^{-4}$ | 0.3929 | $4.0 \cdot 10^{-4}$ | 0.3954 |
| $N_\mathrm{p} = 18$ | $2.8 \cdot 10^{-4}$ | 0.3932 | $1.8 \cdot 10^{-4}$ | 0.3932 | $1.8 \cdot 10^{-4}$ | 0.3952 |
| $N_\mathrm{p} = 20$ | $1.3 \cdot 10^{-4}$ | 0.3934 | $8.2 \cdot 10^{-5}$ | 0.3934 | $8.3 \cdot 10^{-5}$ | 0.3951 |
| $N_\mathrm{p} = 22$ | $5.9 \cdot 10^{-5}$ | 0.3936 | $3.7 \cdot 10^{-5}$ | 0.3936 | $3.8 \cdot 10^{-5}$ | 0.3951 |
| $N_\mathrm{p} = 24$ | $2.7 \cdot 10^{-5}$ | 0.3937 | $1.7 \cdot 10^{-5}$ | 0.3937 | $1.7 \cdot 10^{-5}$ | 0.3952 |
| $N_\mathrm{p} = 26$ | $1.2 \cdot 10^{-5}$ | 0.3938 | $7.7 \cdot 10^{-6}$ | 0.3938 | $7.8 \cdot 10^{-6}$ | 0.3954 |
| $N_\mathrm{p} = 28$ | $5.5 \cdot 10^{-6}$ | 0.3938 | $3.5 \cdot 10^{-6}$ | 0.3939 | $3.5 \cdot 10^{-6}$ | 0.3959 |
| $N_\mathrm{p} = 30$ | $2.5 \cdot 10^{-6}$ | 0.3940 | $1.6 \cdot 10^{-6}$ | 0.3939 | $1.6 \cdot 10^{-6}$ | 0.3970 |
| $N_\mathrm{p} = 32$ | $1.1 \cdot 10^{-6}$ | 0.3940 | $7.2 \cdot 10^{-7}$ | 0.3940 | $7.1 \cdot 10^{-7}$ | 0.3991 |

(b) Minimierung $c_k$, $\mathbb{A}_4$

**Tabelle 5.4:** Fehlerverhalten der Approximation für unterschiedliche Verfahren mit der Zeitschrittweite $\Delta t = N_\mathrm{p}^{-1}$ am Beispiel der ebenen Dehnströmung zum Zeitpunkt $t = 50$.

der $\mathcal{L}^1$-Fehler der Verteilungsfunktionen bei den korrigierten Methoden nicht sinkt (bis die Korrektur keinen Einfluss mehr auf den Lösungsverlauf nimmt).

Insgesamt lässt sich feststellen, dass die optimale exponentielle Konvergenzordnung der abgeschnittenen Fourierreihe $\mathcal{P}_{N_\mathrm{p}}\psi$ auf das Galerkin-Verfahren mit Fourier-

| | $\mathcal{L}^1$-Norm | | $\mathcal{L}^2$-Norm | | $\mathcal{L}^\infty$-Norm | |
|---|---|---|---|---|---|---|
| | Fehler $e_{N_p}$ | Ord. $c_{N_p}$ | Fehler $e_{N_p}$ | Ord. $c_{N_p}$ | Fehler $e_{N_p}$ | Ord. $c_{N_p}$ |
| $N_p = 2$ | $1.5 \cdot 10^{-1}$ | | $9.4 \cdot 10^{-2}$ | | $1.1 \cdot 10^{-1}$ | |
| $N_p = 4$ | $6.8 \cdot 10^{-2}$ | 0.3817 | $4.3 \cdot 10^{-2}$ | 0.3872 | $4.8 \cdot 10^{-2}$ | 0.4128 |
| $N_p = 6$ | $3.1 \cdot 10^{-2}$ | 0.3867 | $2.0 \cdot 10^{-2}$ | 0.3889 | $2.1 \cdot 10^{-2}$ | 0.4028 |
| $N_p = 8$ | $1.4 \cdot 10^{-2}$ | 0.3893 | $9.1 \cdot 10^{-3}$ | 0.3903 | $9.6 \cdot 10^{-3}$ | 0.3990 |
| $N_p = 10$ | $6.6 \cdot 10^{-3}$ | 0.3909 | $4.1 \cdot 10^{-3}$ | 0.3913 | $4.3 \cdot 10^{-3}$ | 0.3972 |
| $N_p = 12$ | $3.0 \cdot 10^{-3}$ | 0.3918 | $1.9 \cdot 10^{-3}$ | 0.3921 | $2.0 \cdot 10^{-3}$ | 0.3963 |
| $N_p = 14$ | $1.4 \cdot 10^{-3}$ | 0.3925 | $8.6 \cdot 10^{-4}$ | 0.3926 | $8.9 \cdot 10^{-4}$ | 0.3957 |
| $N_p = 16$ | $6.2 \cdot 10^{-4}$ | 0.3929 | $3.9 \cdot 10^{-4}$ | 0.3929 | $4.0 \cdot 10^{-4}$ | 0.3954 |
| $N_p = 18$ | $2.8 \cdot 10^{-4}$ | 0.3932 | $1.8 \cdot 10^{-4}$ | 0.3932 | $1.8 \cdot 10^{-4}$ | 0.3952 |
| $N_p = 20$ | $1.3 \cdot 10^{-4}$ | 0.3934 | $8.2 \cdot 10^{-5}$ | 0.3934 | $8.3 \cdot 10^{-5}$ | 0.3951 |
| $N_p = 22$ | $5.9 \cdot 10^{-5}$ | 0.3936 | $3.7 \cdot 10^{-5}$ | 0.3936 | $3.8 \cdot 10^{-5}$ | 0.3951 |
| $N_p = 24$ | $2.7 \cdot 10^{-5}$ | 0.3937 | $1.7 \cdot 10^{-5}$ | 0.3937 | $1.7 \cdot 10^{-5}$ | 0.3952 |
| $N_p = 26$ | $1.2 \cdot 10^{-5}$ | 0.3938 | $7.7 \cdot 10^{-6}$ | 0.3938 | $7.8 \cdot 10^{-6}$ | 0.3954 |
| $N_p = 28$ | $5.5 \cdot 10^{-6}$ | 0.3938 | $3.5 \cdot 10^{-6}$ | 0.3939 | $3.5 \cdot 10^{-6}$ | 0.3959 |
| $N_p = 30$ | $2.5 \cdot 10^{-6}$ | 0.3940 | $1.6 \cdot 10^{-6}$ | 0.3939 | $1.6 \cdot 10^{-6}$ | 0.3970 |
| $N_p = 32$ | $1.1 \cdot 10^{-6}$ | 0.3940 | $7.2 \cdot 10^{-7}$ | 0.3940 | $7.1 \cdot 10^{-7}$ | 0.3991 |

(c) Diffusion $c_k$, $\mathbb{A}_4$

**Tabelle 5.4:** Fehlerverhalten der Approximation für unterschiedliche Verfahren mit der Zeitschrittweite $\Delta t = N_p^{-1}$ am Beispiel der ebenen Dehnströmung zum Zeitpunkt $t = 50$.

basisfunktionen übertragen wird. Diese Ordnung kann jedoch bei ungünstigen Verteilungsfunktionen $\psi$ mit vielen relevanten Fourierkoeffizienten, wie sie zum Zeitpunkt $t = 200$ bei der ebenen Dehnströmung gegeben ist, erst bei relativ hohen Ordnungen $N_p$ erreicht werden. Bei niedrigen Ordnungen liefern die korrigierten Verfahren bessere Resultate als das reine Galerkin-Verfahren, sodass dessen Konvergenzgeschwindigkeit anfänglich zusätzlich vermindert wird.

## 5.1.2 Scherströmung

Wir haben uns bisher ausschließlich mit dem Beispiel der ebenen Dehnströmung auseinandergesetzt, bei der alle Fibern im zeitlichen Verlauf in eine bevorzugte Orientierung $\mathbf{p}^*$ gedrängt wurden. Die zugehörige Verteilungsfunktion $\psi$ erhielt dadurch bei fortschreitender Zeit immer mehr betragsmäßig große bzw. relevante Fourierkoeffizienten, sodass die Simulation mit dem Galerkin-Verfahren unphysikalische Ergebnisse lieferte. Wird dieses mit einer Korrekturmethode aus dem Abschnitt 4.2 stabilisiert, so kann die Erfüllung relevanter Ungleichungen sichergestellt werden. Trotzdem muss mit ungenauen Ergebnissen bei der Simulation von geringer Ordnung $N_p$ gerechnet werden. Dieses Beispiel beschrieb somit gewissermaßen ein hochgradig komplexes Problem, um die Robustheit der im Abschnitt 4.2 hergeleiteten Verfahren darstellen zu können. Wir wollen nun das Modell durch

|  | $\mathcal{L}^1$-Norm | | $\mathcal{L}^2$-Norm | | $\mathcal{L}^\infty$-Norm | |
|---|---|---|---|---|---|---|
|  | Fehler $e_{N_p}$ | Ord. $c_{N_p}$ | Fehler $e_{N_p}$ | Ord. $c_{N_p}$ | Fehler $e_{N_p}$ | Ord. $c_{N_p}$ |
| $N_p = 2$ | 1.4 | | 1.4 | | 7.2 | |
| $N_p = 4$ | 1.4 | 0.0072 | 1.4 | 0.0070 | 7.2 | 0.0050 |
| $N_p = 6$ | 1.3 | 0.0249 | 1.3 | 0.0172 | 6.9 | 0.0212 |
| $N_p = 8$ | 1.3 | 0.0041 | 1.3 | 0.0148 | 6.6 | 0.0224 |
| $N_p = 10$ | 1.3 | 0.0061 | 1.3 | 0.0129 | 6.3 | 0.0190 |
| $N_p = 12$ | 1.3 | 0.0152 | 1.2 | 0.0146 | 6.1 | 0.0194 |
| $N_p = 14$ | 1.2 | 0.0155 | 1.2 | 0.0156 | 5.8 | 0.0201 |
| $N_p = 16$ | 1.2 | 0.0150 | 1.1 | 0.0156 | 5.6 | 0.0199 |
| $N_p = 18$ | 1.1 | 0.0161 | 1.1 | 0.0159 | 5.4 | 0.0198 |
| $N_p = 20$ | 1.1 | 0.0169 | 1.1 | 0.0163 | 5.2 | 0.0198 |
| $N_p = 22$ | 1.1 | 0.0172 | 1.0 | 0.0166 | 5.0 | 0.0198 |
| $N_p = 24$ | 1.0 | 0.0175 | 1.0 | 0.0168 | 4.8 | 0.0198 |
| $N_p = 26$ | $10.0 \cdot 10^{-1}$ | 0.0178 | $9.7 \cdot 10^{-1}$ | 0.0171 | 4.6 | 0.0198 |
| $N_p = 28$ | $9.6 \cdot 10^{-1}$ | 0.0180 | $9.4 \cdot 10^{-1}$ | 0.0172 | 4.4 | 0.0198 |
| $N_p = 30$ | $9.3 \cdot 10^{-1}$ | 0.0182 | $9.1 \cdot 10^{-1}$ | 0.0174 | 4.3 | 0.0198 |
| $N_p = 32$ | $8.9 \cdot 10^{-1}$ | 0.0183 | $8.7 \cdot 10^{-1}$ | 0.0176 | 4.1 | 0.0198 |

(a) ohne Korrektur

|  | $\mathcal{L}^1$-Norm | | $\mathcal{L}^2$-Norm | | $\mathcal{L}^\infty$-Norm | |
|---|---|---|---|---|---|---|
|  | Fehler $e_{N_p}$ | Ord. $c_{N_p}$ | Fehler $e_{N_p}$ | Ord. $c_{N_p}$ | Fehler $e_{N_p}$ | Ord. $c_{N_p}$ |
| $N_p = 2$ | $8.0 \cdot 10^{-1}$ | | 1.3 | | 7.6 | |
| $N_p = 4$ | $9.1 \cdot 10^{-1}$ | $-0.0656$ | 1.3 | 0.0196 | 7.3 | 0.0212 |
| $N_p = 6$ | $9.1 \cdot 10^{-1}$ | 0.0011 | 1.3 | 0.0137 | 7.2 | 0.0117 |
| $N_p = 8$ | $9.2 \cdot 10^{-1}$ | $-0.0088$ | 1.2 | 0.0178 | 6.9 | 0.0213 |
| $N_p = 10$ | $9.2 \cdot 10^{-1}$ | 0.0035 | 1.2 | 0.0157 | 6.7 | 0.0153 |
| $N_p = 12$ | $9.2 \cdot 10^{-1}$ | $-0.0012$ | 1.1 | 0.0161 | 6.4 | 0.0205 |
| $N_p = 14$ | $9.1 \cdot 10^{-1}$ | 0.0028 | 1.1 | 0.0153 | 6.2 | 0.0174 |
| $N_p = 16$ | $9.1 \cdot 10^{-1}$ | 0.0009 | 1.1 | 0.0150 | 5.9 | 0.0209 |
| $N_p = 18$ | $9.1 \cdot 10^{-1}$ | 0.0025 | 1.0 | 0.0147 | 5.7 | 0.0195 |
| $N_p = 20$ | $9.1 \cdot 10^{-1}$ | 0.0017 | 1.0 | 0.0140 | 5.4 | 0.0219 |
| $N_p = 22$ | $9.0 \cdot 10^{-1}$ | 0.0021 | $9.8 \cdot 10^{-1}$ | 0.0135 | 5.2 | 0.0216 |
| $N_p = 24$ | $9.0 \cdot 10^{-1}$ | 0.0021 | $9.6 \cdot 10^{-1}$ | 0.0129 | 5.0 | 0.0225 |
| $N_p = 26$ | $8.9 \cdot 10^{-1}$ | 0.0020 | $9.3 \cdot 10^{-1}$ | 0.0122 | 4.8 | 0.0235 |
| $N_p = 28$ | $8.9 \cdot 10^{-1}$ | 0.0019 | $9.1 \cdot 10^{-1}$ | 0.0115 | 4.5 | 0.0243 |
| $N_p = 30$ | $8.9 \cdot 10^{-1}$ | 0.0022 | $8.9 \cdot 10^{-1}$ | 0.0111 | 4.3 | 0.0248 |
| $N_p = 32$ | $8.8 \cdot 10^{-1}$ | 0.0030 | $8.7 \cdot 10^{-1}$ | 0.0114 | 4.1 | 0.0246 |

(b) Minimierung $c_k$, $\mathbb{A}_4$

**Tabelle 5.5:** Fehlerverhalten der Approximation für unterschiedliche Verfahren mit der Zeitschrittweite $\Delta t = N_p^{-1}$ am Beispiel der ebenen Dehnströmung zum Zeitpunkt $t = 200$.

| | $\mathcal{L}^1$-Norm | | $\mathcal{L}^2$-Norm | | $\mathcal{L}^\infty$-Norm | |
|---|---|---|---|---|---|---|
| | Fehler $e_{N_p}$ | Ord. $c_{N_p}$ | Fehler $e_{N_p}$ | Ord. $c_{N_p}$ | Fehler $e_{N_p}$ | Ord. $c_{N_p}$ |
| $N_p = 2$ | $8.0 \cdot 10^{-1}$ | | 1.3 | | 7.6 | |
| $N_p = 4$ | $9.0 \cdot 10^{-1}$ | $-0.0616$ | 1.3 | 0.0169 | 7.4 | 0.0177 |
| $N_p = 6$ | $6.7 \cdot 10^{-1}$ | 0.1464 | 1.3 | 0.0085 | 7.4 | 0.0009 |
| $N_p = 8$ | $7.6 \cdot 10^{-1}$ | $-0.0631$ | 1.2 | 0.0288 | 6.9 | 0.0291 |
| $N_p = 10$ | $6.5 \cdot 10^{-1}$ | 0.0774 | 1.3 | $-0.0238$ | 7.3 | $-0.0261$ |
| $N_p = 12$ | $6.6 \cdot 10^{-1}$ | $-0.0027$ | 1.2 | 0.0420 | 6.8 | 0.0369 |
| $N_p = 14$ | $6.5 \cdot 10^{-1}$ | 0.0051 | 1.3 | $-0.0396$ | 7.3 | $-0.0355$ |
| $N_p = 16$ | $6.6 \cdot 10^{-1}$ | $-0.0040$ | 1.1 | 0.0741 | 6.4 | 0.0677 |
| $N_p = 18$ | $6.3 \cdot 10^{-1}$ | 0.0186 | 1.2 | $-0.0644$ | 7.2 | $-0.0602$ |
| $N_p = 20$ | $7.0 \cdot 10^{-1}$ | $-0.0480$ | $10.0 \cdot 10^{-1}$ | 0.1044 | 5.8 | 0.1086 |
| $N_p = 22$ | $7.2 \cdot 10^{-1}$ | $-0.0156$ | $9.7 \cdot 10^{-1}$ | 0.0149 | 5.5 | 0.0227 |
| $N_p = 24$ | $7.9 \cdot 10^{-1}$ | $-0.0492$ | $9.4 \cdot 10^{-1}$ | 0.0125 | 5.2 | 0.0344 |
| $N_p = 26$ | $8.3 \cdot 10^{-1}$ | $-0.0221$ | $9.3 \cdot 10^{-1}$ | 0.0103 | 4.9 | 0.0281 |
| $N_p = 28$ | $8.6 \cdot 10^{-1}$ | $-0.0183$ | $9.1 \cdot 10^{-1}$ | 0.0091 | 4.6 | 0.0292 |
| $N_p = 30$ | $8.8 \cdot 10^{-1}$ | $-0.0102$ | $8.9 \cdot 10^{-1}$ | 0.0097 | 4.3 | 0.0286 |
| $N_p = 32$ | $8.8 \cdot 10^{-1}$ | $-0.0019$ | $8.7 \cdot 10^{-1}$ | 0.0114 | 4.1 | 0.0273 |

(c) Diffusion $c_k$, $\mathbb{A}_4$

**Tabelle 5.5:** Fehlerverhalten der Approximation für unterschiedliche Verfahren mit der Zeitschrittweite $\Delta t = N_p^{-1}$ am Beispiel der ebenen Dehnströmung zum Zeitpunkt $t = 200$.

eine Änderung des Geschwindigkeitsgradienten $\nabla_x u$ in ein rotationsdominantes Problem mit der Frequenz $\omega = \frac{\pi}{200}$ überführen. Hierzu definieren wir

$$c_1 = -c_2 = \sqrt{\lambda^2 c^2 + \omega^2} \approx 0.018515369989001, \tag{5.21}$$

sodass der konstante Geschwindigkeitsgradient mit den bisherigen Werten $\lambda = \frac{99}{101}$ und $c = 0.01$ gegeben ist durch

$$\nabla_x u = \begin{pmatrix} 0.01 & 0.019 \\ -0.019 & -0.01 \end{pmatrix}. \tag{5.22}$$

Der zeitliche Verlauf der analytischen Verteilungsfunktion $\psi$ ist in der Abbildung 5.9 dargestellt und zeigt insbesondere die Periodizität des so beschriebenen Problems: Aufgrund der Wahl der Kreisfrequenz $\omega$ erreicht die Verteilungsfunktion $\psi$ nach der halben Periodendauer $\frac{T}{2} = \frac{2\pi}{2\omega} = 200$ zum ersten Mal die Ausgangsverteilung $\psi = \frac{1}{2\pi}$, die durch eine Fourierapproximation beliebiger Ordnung $N_p$ exakt dargestellt werden kann. Diskretisieren wir die ortsunabhängige Fokker-Planck-Gleichung (4.11) jedoch wie bei dem Problem der ebenen Dehnströmung (siehe Abschnitt 5.1.1) mit dem unkorrigierten Galerkin-Verfahren, so wird die exakte Verteilungsfunktion zum Zeitpunkt $t = 200$ und damit die Periodizität nicht exakt wiedergegeben (siehe Abbildung 5.10). Erst bei höheren Ordnungen $N_p$ der numerischen Methode konvergiert $\psi \to \frac{1}{2\pi}$ und ein verhältnismäßig großer Fehler durch die Zeitdiskretisierung mit dem Crank-Nicolson-Verfahren zur Zeitschrittweite $\Delta t = 1$ kann ausgeschlossen werden.

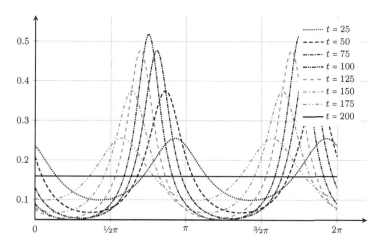

**Abbildung 5.9:** Analytische Lösung der Scherströmung zu unterschiedlichen Zeitpunkten.

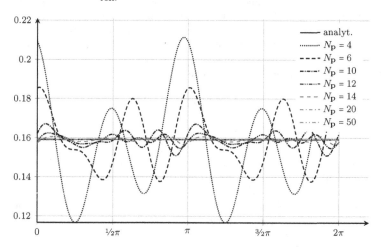

**Abbildung 5.10:** Finale Verteilungsfunktionen des Galerkin-Verfahrens für unterschiedliche Ordnungen $N_\mathrm{p}$ am Beispiel der Scherströmung.

Trotz dieser Ungenauigkeiten muss das unkorrigierte Galerkin-Verfahren nicht mittels der im Abschnitt 4.2 hergeleiteten Korrekturen verbessert werden: In der Abbildung 5.11 sind verschiedene Fehlerverläufe und charakteristische Eigenschaften für die abgeschnittene Fourierreihe $\mathcal{P}_{N_\mathrm{p}}\psi$ sowie das unkorrigierte und korrigierte Verfahren am Beispiel der Ordnung $N_\mathrm{p} = 6$ dargestellt. Hierbei fallen besonders die identischen Verläufe des unkorrigierten Galerkin-Verfahrens und der korrigierten Methoden aus den Abschnitten 4.2.1 und 4.2.2 auf. Lediglich das Verfahren „lineare FE" erzeugt eine geringfügig abweichende Approximation, welche auf die $\mathcal{L}^2$-Projektion mit $4N_\mathrm{p}$ äquidistanten Elementen geschoben werden kann und nicht durch unphysikalische Eigenschaften der unkorrigierten Näherung $\tilde{\psi}^{(N_\mathrm{p})}$ entsteht. Eine Erhöhung der Anzahl an Elementen würde diesen Fehler zwar unter einem Anstieg des Aufwandes reduzieren, jedoch ist er wegen der unterschiedlichen Ansatzräume nicht zu eliminieren.

Weiter ist in den Abbildungen 5.11d, 5.11b und 5.11e der deutlich geringere Fehler der Fourierapproximation im Gegensatz zum Beispiel der ebenen Dehnströmung aus dem Abschnitt 5.1.1 zu erkennen (vergleiche mit den Abbildungen 5.4b, 5.5a und 5.5b).

Auch am Beispiel der Scherströmung wollen wir die Konvergenz des Verfahrens bei zunehmender Ordnung $N_\mathrm{p}$ untersuchen. Hierzu halten wir analog zur Tabelle 5.2 den Fehler $e_{N_\mathrm{p}}$ und die approximierte exponentielle Konvergenzordnung $c_{N_\mathrm{p}}$ definiert durch die Gleichung (5.20) zu den Zeitpunkten $t = 50$ und $t = 100$ in der Tabelle 5.6 fest. Aufgrund der Achsensymmetrie der Verteilungsfunktion zu den Zeitpunkten $t = 50$ und $t = 150$ um den Winkel $\phi = \frac{3}{4}\pi$ (siehe Abbildung 5.9), also

$$\psi(\phi - \tfrac{3}{4}\pi, t = 50) = \psi(\phi + \tfrac{3}{4}\pi, t = 150), \tag{5.23}$$

können zwischen den Zeitpunkten $t = 50$ und $t = 150$ die gleichen Fehler und somit auch Konvergenzen angenommen werden.

Wie bei dem Beispiel der ebenen Dehnströmung im Abschnitt 5.1.1 ist die Konvergenzordnung $c$ der abgeschnittenen Fourierreihe $\mathcal{P}_{N_\mathrm{p}}\psi$ unabhängig von der Wahl der Norm und stattdessen an die exakte Verteilungsfunktion $\psi$ gebunden (siehe Tabelle 5.6). Sie nimmt zu dem Zeitpunkt $t = 50$ (bzw. $t = 150$) den Wert $c \approx 0.4536$ an und verringert sich zur Zeit $t = 100$ auf den Zustand $c \approx 0.3180$. Diese exponentiellen Konvergenzordnungen $c$ werden wie bei dem Beispiel der ebenen Dehnströmung über das gesamte untersuchte Intervall an Ordnungen $N_\mathrm{p}$ unabhängig von der Wahl der Norm angenommen.

Betrachten wir nun die entsprechenden Tabellen 5.7 des Galerkin-Verfahrens, so werden diese Werte (leicht vermindert) auch bei der exponentiellen approximierten Konvergenzordnungen $c_{N_\mathrm{p}}$ zu den Zeitpunkten $t = 50$ und $t = 100$ wiedergegeben. Auffälligkeiten sind stattdessen bei der Beobachtung des Zeitpunktes $t = 150$ zu verzeichnen (siehe Tabelle 5.7c): Entgegen der Annahme einer exponentiellen Konvergenz mit der Ordnung $c \approx 0.4536$ wie zur Zeit $t = 50$, konvergiert die numerische Methode annähernd mit der Ordnung $c \approx 0.3180$ des Zeitpunktes $t = 100$.

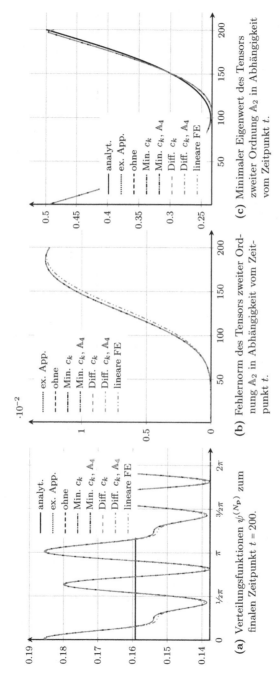

**(a)** Verteilungsfunktionen $\psi^{(N_P)}$ zum finalen Zeitpunkt $t = 200$.

**(b)** Fehlernorm des Tensors zweiter Ordnung $\mathbb{A}_2$ in Abhängigkeit vom Zeitpunkt $t$.

**(c)** Minimaler Eigenwert des Tensors zweiter Ordnung $\mathbb{A}_2$ in Abhängigkeit vom Zeitpunkt $t$.

**Abbildung 5.11:** Unterschiedliche numerische Verfahren mit einer Fourierapproximation der Ordnung $N_P = 6$ am Beispiel der Scherströmung.

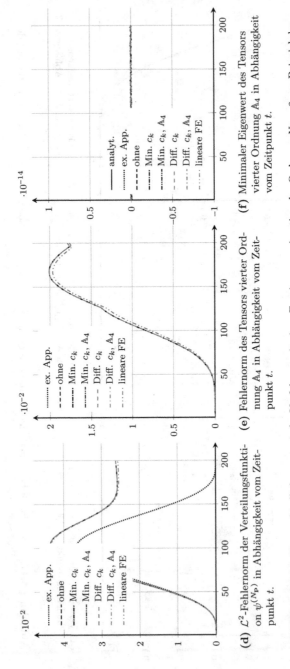

(d) $\mathcal{L}^2$-Fehlernorm der Verteilungsfunktion $\psi^{(N_\mathrm{P})}$ in Abhängigkeit vom Zeitpunkt $t$.

(e) Fehlernorm des Tensors vierter Ordnung $\mathbb{A}_4$ in Abhängigkeit vom Zeitpunkt $t$.

(f) Minimaler Eigenwert des Tensors vierter Ordnung $\mathbb{A}_4$ in Abhängigkeit vom Zeitpunkt $t$.

**Abbildung 5.11:** Unterschiedliche numerische Verfahren mit einer Fourierapproximation der Ordnung $N_\mathrm{P} = 6$ am Beispiel der Scherströmung.

| | $\mathcal{L}^1$-Norm | | $\mathcal{L}^2$-Norm | | $\mathcal{L}^\infty$-Norm | |
|---|---|---|---|---|---|---|
| | Fehler $e_{N_\mathrm{p}}$ | Ord. $c_{N_\mathrm{p}}$ | Fehler $e_{N_\mathrm{p}}$ | Ord. $c_{N_\mathrm{p}}$ | Fehler $e_{N_\mathrm{p}}$ | Ord. $c_{N_\mathrm{p}}$ |
| $N_\mathrm{p} = 2$ | $1.1 \cdot 10^{-1}$ | | $7.1 \cdot 10^{-2}$ | | $8.7 \cdot 10^{-2}$ | |
| $N_\mathrm{p} = 4$ | $4.4 \cdot 10^{-2}$ | 0.4532 | $2.9 \cdot 10^{-2}$ | 0.4536 | $3.5 \cdot 10^{-2}$ | 0.4536 |
| $N_\mathrm{p} = 6$ | $1.8 \cdot 10^{-2}$ | 0.4535 | $1.2 \cdot 10^{-2}$ | 0.4536 | $1.4 \cdot 10^{-2}$ | 0.4536 |
| $N_\mathrm{p} = 8$ | $7.1 \cdot 10^{-3}$ | 0.4535 | $4.7 \cdot 10^{-3}$ | 0.4536 | $5.7 \cdot 10^{-3}$ | 0.4536 |
| $N_\mathrm{p} = 10$ | $2.9 \cdot 10^{-3}$ | 0.4536 | $1.9 \cdot 10^{-3}$ | 0.4536 | $2.3 \cdot 10^{-3}$ | 0.4536 |
| $N_\mathrm{p} = 12$ | $1.2 \cdot 10^{-3}$ | 0.4536 | $7.6 \cdot 10^{-4}$ | 0.4536 | $9.3 \cdot 10^{-4}$ | 0.4536 |
| $N_\mathrm{p} = 14$ | $4.7 \cdot 10^{-4}$ | 0.4536 | $3.1 \cdot 10^{-4}$ | 0.4536 | $3.8 \cdot 10^{-4}$ | 0.4536 |
| $N_\mathrm{p} = 16$ | $1.9 \cdot 10^{-4}$ | 0.4536 | $1.2 \cdot 10^{-4}$ | 0.4536 | $1.5 \cdot 10^{-4}$ | 0.4536 |
| $N_\mathrm{p} = 18$ | $7.6 \cdot 10^{-5}$ | 0.4535 | $5.0 \cdot 10^{-5}$ | 0.4536 | $6.1 \cdot 10^{-5}$ | 0.4536 |
| $N_\mathrm{p} = 20$ | $3.1 \cdot 10^{-5}$ | 0.4536 | $2.0 \cdot 10^{-5}$ | 0.4536 | $2.5 \cdot 10^{-5}$ | 0.4536 |
| $N_\mathrm{p} = 22$ | $1.2 \cdot 10^{-5}$ | 0.4535 | $8.2 \cdot 10^{-6}$ | 0.4536 | $10.0 \cdot 10^{-6}$ | 0.4536 |
| $N_\mathrm{p} = 24$ | $5.0 \cdot 10^{-6}$ | 0.4535 | $3.3 \cdot 10^{-6}$ | 0.4536 | $4.0 \cdot 10^{-6}$ | 0.4536 |
| $N_\mathrm{p} = 26$ | $2.0 \cdot 10^{-6}$ | 0.4535 | $1.3 \cdot 10^{-6}$ | 0.4536 | $1.6 \cdot 10^{-6}$ | 0.4536 |
| $N_\mathrm{p} = 28$ | $8.2 \cdot 10^{-7}$ | 0.4535 | $5.4 \cdot 10^{-7}$ | 0.4536 | $6.6 \cdot 10^{-7}$ | 0.4536 |
| $N_\mathrm{p} = 30$ | $3.3 \cdot 10^{-7}$ | 0.4537 | $2.2 \cdot 10^{-7}$ | 0.4536 | $2.7 \cdot 10^{-7}$ | 0.4536 |
| $N_\mathrm{p} = 32$ | $1.3 \cdot 10^{-7}$ | 0.4535 | $8.8 \cdot 10^{-8}$ | 0.4536 | $1.1 \cdot 10^{-7}$ | 0.4536 |
| $N_\mathrm{p} = 34$ | $5.4 \cdot 10^{-8}$ | 0.4536 | $3.5 \cdot 10^{-8}$ | 0.4536 | $4.3 \cdot 10^{-8}$ | 0.4536 |
| $N_\mathrm{p} = 36$ | $2.2 \cdot 10^{-8}$ | 0.4537 | $1.4 \cdot 10^{-8}$ | 0.4536 | $1.7 \cdot 10^{-8}$ | 0.4537 |
| $N_\mathrm{p} = 38$ | $8.8 \cdot 10^{-9}$ | 0.4533 | $5.8 \cdot 10^{-9}$ | 0.4536 | $7.0 \cdot 10^{-9}$ | 0.4538 |

(a) Zeitpunkte $t = 50$ und $t = 150$.

| | $\mathcal{L}^1$-Norm | | $\mathcal{L}^2$-Norm | | $\mathcal{L}^\infty$-Norm | |
|---|---|---|---|---|---|---|
| | Fehler $e_{N_\mathrm{p}}$ | Ord. $c_{N_\mathrm{p}}$ | Fehler $e_{N_\mathrm{p}}$ | Ord. $c_{N_\mathrm{p}}$ | Fehler $e_{N_\mathrm{p}}$ | Ord. $c_{N_\mathrm{p}}$ |
| $N_\mathrm{p} = 2$ | $1.9 \cdot 10^{-1}$ | | $1.3 \cdot 10^{-1}$ | | $1.9 \cdot 10^{-1}$ | |
| $N_\mathrm{p} = 4$ | $1.0 \cdot 10^{-1}$ | 0.3169 | $7.0 \cdot 10^{-2}$ | 0.3180 | $1.0 \cdot 10^{-1}$ | 0.3180 |
| $N_\mathrm{p} = 6$ | $5.4 \cdot 10^{-2}$ | 0.3178 | $3.7 \cdot 10^{-2}$ | 0.3180 | $5.3 \cdot 10^{-2}$ | 0.3180 |
| $N_\mathrm{p} = 8$ | $2.9 \cdot 10^{-2}$ | 0.3180 | $2.0 \cdot 10^{-2}$ | 0.3180 | $2.8 \cdot 10^{-2}$ | 0.3180 |
| $N_\mathrm{p} = 10$ | $1.5 \cdot 10^{-2}$ | 0.3180 | $1.0 \cdot 10^{-2}$ | 0.3180 | $1.5 \cdot 10^{-2}$ | 0.3180 |
| $N_\mathrm{p} = 12$ | $8.0 \cdot 10^{-3}$ | 0.3180 | $5.5 \cdot 10^{-3}$ | 0.3180 | $7.9 \cdot 10^{-3}$ | 0.3180 |
| $N_\mathrm{p} = 14$ | $4.3 \cdot 10^{-3}$ | 0.3180 | $2.9 \cdot 10^{-3}$ | 0.3180 | $4.2 \cdot 10^{-3}$ | 0.3180 |
| $N_\mathrm{p} = 16$ | $2.3 \cdot 10^{-3}$ | 0.3180 | $1.5 \cdot 10^{-3}$ | 0.3180 | $2.2 \cdot 10^{-3}$ | 0.3180 |
| $N_\mathrm{p} = 18$ | $1.2 \cdot 10^{-3}$ | 0.3180 | $8.1 \cdot 10^{-4}$ | 0.3180 | $1.2 \cdot 10^{-3}$ | 0.3180 |
| $N_\mathrm{p} = 20$ | $6.3 \cdot 10^{-4}$ | 0.3180 | $4.3 \cdot 10^{-4}$ | 0.3180 | $6.2 \cdot 10^{-4}$ | 0.3180 |
| $N_\mathrm{p} = 22$ | $3.3 \cdot 10^{-4}$ | 0.3180 | $2.3 \cdot 10^{-4}$ | 0.3180 | $3.3 \cdot 10^{-4}$ | 0.3180 |
| $N_\mathrm{p} = 24$ | $1.8 \cdot 10^{-4}$ | 0.3180 | $1.2 \cdot 10^{-4}$ | 0.3180 | $1.7 \cdot 10^{-4}$ | 0.3180 |
| $N_\mathrm{p} = 26$ | $9.4 \cdot 10^{-5}$ | 0.3180 | $6.4 \cdot 10^{-5}$ | 0.3180 | $9.2 \cdot 10^{-5}$ | 0.3180 |
| $N_\mathrm{p} = 28$ | $5.0 \cdot 10^{-5}$ | 0.3180 | $3.4 \cdot 10^{-5}$ | 0.3180 | $4.9 \cdot 10^{-5}$ | 0.3180 |
| $N_\mathrm{p} = 30$ | $2.6 \cdot 10^{-5}$ | 0.3180 | $1.8 \cdot 10^{-5}$ | 0.3180 | $2.6 \cdot 10^{-5}$ | 0.3180 |
| $N_\mathrm{p} = 32$ | $1.4 \cdot 10^{-5}$ | 0.3180 | $9.5 \cdot 10^{-6}$ | 0.3180 | $1.4 \cdot 10^{-5}$ | 0.3180 |
| $N_\mathrm{p} = 34$ | $7.4 \cdot 10^{-6}$ | 0.3180 | $5.0 \cdot 10^{-6}$ | 0.3180 | $7.2 \cdot 10^{-6}$ | 0.3180 |
| $N_\mathrm{p} = 36$ | $3.9 \cdot 10^{-6}$ | 0.3180 | $2.7 \cdot 10^{-6}$ | 0.3180 | $3.8 \cdot 10^{-6}$ | 0.3180 |
| $N_\mathrm{p} = 38$ | $2.1 \cdot 10^{-6}$ | 0.3181 | $1.4 \cdot 10^{-6}$ | 0.3180 | $2.0 \cdot 10^{-6}$ | 0.3180 |

(b) Zeitpunkt $t = 100$.

**Tabelle 5.6:** Abgeschnittene Fourierreihe $\mathcal{P}_{N_\mathrm{p}}\psi$ der exakten Verteilungsfunktion $\psi$ am Beispiel der Scherströmung zu unterschiedlichen Zeitpunkten $t$.

Die Konvergenz der Fehlernormen des Galerkin-Verfahrens unter Verwendung der Fourierbasisfunktionen zum Zeitpunkt $t_0$ hängt somit außerdem von den Konvergenzordnungen und damit den Verteilungsfunktionen $\psi$ aller vorheriger Zeiten $t \leq t_0$ ab. Langsame Konvergenzen zu Beginn ziehen sich so durch das gesamte zu untersuchende Zeitintervall und beschränken dadurch die Genauigkeit zum finalen Zeitpunkt (vergleiche Abbildung 5.10). Dieses Resultat wird außerdem durch die Konvergenz der genäherten finalen Verteilungsfunktion $\psi^{(N_p)}(\phi, t = 200) = \frac{1}{2\pi}$ (siehe Abbildung 5.10) bestätigt, die wie bereits beschrieben unabhängig von der Approximationsordnung $N_p$ exakt dargestellt werden müsste.

Im Abschnitt 5.1 haben wir ausschließlich einen Sonderfall der ortsunabhängigen Fokker-Planck-Gleichung (4.11) untersucht. Hierbei wurde angenommen, dass die Fibern zu Beginn der Simulation eine zufällige Orientierung annehmen, also $\psi = \frac{1}{2\pi}$, und der Geschwindigkeitsgradient $\nabla_\mathbf{x}\mathbf{u}$ zeitlich konstant ist. Außerdem verlangten wir vernachlässigbare Kopplungen zwischen den Fasern. Diese Einschränkungen führen auf den ersten Blick zu sehr speziellen Sonderfällen, die nicht das gesamte Spektrum möglicher Simulationen abdecken. Jedoch gibt insbesondere der orientierungsdominante Fall mit $\omega^2 > 0$ ein sehr instabiles Testproblem wieder, an dem die Robustheit der Korrekturverfahren überprüft werden kann (vergleiche Abschnitt 5.1.1). Je größer $\omega^2$ ist, desto schneller steigt die Amplitude der Verteilungsfunktion $\psi$ mit der Zeit an. Dem muss durch eine Verringerung der Zeitschrittweite $\Delta t$ entgegengewirkt werden. Gilt demgegenüber wie im Abschnitt 5.1.2 $\omega^2 < 0$, liegt ein spinndominantes Problem vor, das mit der Frequenz $\omega = \sqrt{|\omega^2|}$ oszilliert. Ein Augenmerk sollte hierbei bei der numerischen Simulation insbesondere auf einer möglichst genauen Wiedergabe der Frequenz $\omega$ liegen. Bei einem zeitabhängigen Geschwindigkeitsgradienten $\nabla_\mathbf{x}\mathbf{u}$ sind nach der Betrachtung dieser Sonderfälle keine weiteren Auffälligkeiten zu erwarten. Wird bei dem Modell außerdem die Interaktion von Fibern berücksichtigt, erscheint in der Differentialgleichung (4.11) ein diffusiver Term abhängig von der Konzentrationsdichte $\alpha$. Da dieser für eine „Verschmierung" und damit Reduzierung der Amplitude der Verteilungsfunktion $\psi$ sorgt, vereinfacht sich eine entsprechende numerische Behandlung. Dieser Leitgedanke wurde zur Definition der Korrektur mittels künstlicher Diffusion im Abschnitt 4.2.2 verwendet und sollte deshalb tendenziell physikkonformere Verteilungsfunktionen $\psi$ liefern. Wir verzichten daher an dieser Stelle auf ein weiteres Beispiel zu der allgemeinen ortsunabhängigen Differentialgleichung (4.11) und gehen direkt über zur Simulation der allgemeinen Fokker-Planck-Gleichung (2.10).

## 5.2 Ortsabhängige Fokker-Planck-Gleichung

Wird der Verteilungsfunktion $\psi$ eine Ortskomponente $\mathbf{x}$ und der Differentialgleichung (4.11) ein konvektiver Term für die neue Komponente hinzugefügt, so

| | $\mathcal{L}^1$-Norm | | $\mathcal{L}^2$-Norm | | $\mathcal{L}^\infty$-Norm | |
|---|---|---|---|---|---|---|
| | Fehler $e_{N_p}$ | Ord. $c_{N_p}$ | Fehler $e_{N_p}$ | Ord. $c_{N_p}$ | Fehler $e_{N_p}$ | Ord. $c_{N_p}$ |
| $N_p = 2$ | $1.1 \cdot 10^{-1}$ | | $7.2 \cdot 10^{-2}$ | | $8.1 \cdot 10^{-2}$ | |
| $N_p = 4$ | $4.6 \cdot 10^{-2}$ | 0.4473 | $3.0 \cdot 10^{-2}$ | 0.4444 | $3.3 \cdot 10^{-2}$ | 0.4557 |
| $N_p = 6$ | $1.9 \cdot 10^{-2}$ | 0.4517 | $1.2 \cdot 10^{-2}$ | 0.4474 | $1.3 \cdot 10^{-2}$ | 0.4465 |
| $N_p = 8$ | $7.5 \cdot 10^{-3}$ | 0.4533 | $4.9 \cdot 10^{-3}$ | 0.4498 | $5.6 \cdot 10^{-3}$ | 0.4357 |
| $N_p = 10$ | $3.0 \cdot 10^{-3}$ | 0.4538 | $2.0 \cdot 10^{-3}$ | 0.4512 | $2.3 \cdot 10^{-3}$ | 0.4447 |
| $N_p = 12$ | $1.2 \cdot 10^{-3}$ | 0.4539 | $8.1 \cdot 10^{-4}$ | 0.4520 | $9.3 \cdot 10^{-4}$ | 0.4490 |
| $N_p = 14$ | $4.9 \cdot 10^{-4}$ | 0.4539 | $3.3 \cdot 10^{-4}$ | 0.4524 | $3.8 \cdot 10^{-4}$ | 0.4514 |
| $N_p = 16$ | $2.0 \cdot 10^{-4}$ | 0.4538 | $1.3 \cdot 10^{-4}$ | 0.4527 | $1.5 \cdot 10^{-4}$ | 0.4529 |
| $N_p = 18$ | $8.0 \cdot 10^{-5}$ | 0.4538 | $5.4 \cdot 10^{-5}$ | 0.4529 | $6.2 \cdot 10^{-5}$ | 0.4529 |
| $N_p = 20$ | $3.2 \cdot 10^{-5}$ | 0.4538 | $2.2 \cdot 10^{-5}$ | 0.4530 | $2.5 \cdot 10^{-5}$ | 0.4499 |
| $N_p = 22$ | $1.3 \cdot 10^{-5}$ | 0.4537 | $8.7 \cdot 10^{-6}$ | 0.4531 | $1.0 \cdot 10^{-5}$ | 0.4507 |
| $N_p = 24$ | $5.3 \cdot 10^{-6}$ | 0.4536 | $3.5 \cdot 10^{-6}$ | 0.4530 | $4.2 \cdot 10^{-6}$ | 0.4497 |
| $N_p = 26$ | $2.1 \cdot 10^{-6}$ | 0.4533 | $1.4 \cdot 10^{-6}$ | 0.4525 | $1.7 \cdot 10^{-6}$ | 0.4416 |
| $N_p = 28$ | $8.6 \cdot 10^{-7}$ | 0.4520 | $5.8 \cdot 10^{-7}$ | 0.4498 | $7.7 \cdot 10^{-7}$ | 0.4018 |
| $N_p = 30$ | $3.5 \cdot 10^{-7}$ | 0.4462 | $2.4 \cdot 10^{-7}$ | 0.4376 | $3.8 \cdot 10^{-7}$ | 0.3570 |
| $N_p = 32$ | $1.5 \cdot 10^{-7}$ | 0.4156 | $1.1 \cdot 10^{-7}$ | 0.3898 | $2.1 \cdot 10^{-7}$ | 0.2902 |

(a) Zeitpunkt $t = 50$.

| | $\mathcal{L}^1$-Norm | | $\mathcal{L}^2$-Norm | | $\mathcal{L}^\infty$-Norm | |
|---|---|---|---|---|---|---|
| | Fehler $e_{N_p}$ | Ord. $c_{N_p}$ | Fehler $e_{N_p}$ | Ord. $c_{N_p}$ | Fehler $e_{N_p}$ | Ord. $c_{N_p}$ |
| $N_p = 2$ | $2.0 \cdot 10^{-1}$ | | $1.4 \cdot 10^{-1}$ | | $2.0 \cdot 10^{-1}$ | |
| $N_p = 4$ | $1.1 \cdot 10^{-1}$ | 0.3182 | $8.2 \cdot 10^{-2}$ | 0.2843 | $1.2 \cdot 10^{-1}$ | 0.2737 |
| $N_p = 6$ | $5.5 \cdot 10^{-2}$ | 0.3260 | $4.3 \cdot 10^{-2}$ | 0.3174 | $6.3 \cdot 10^{-2}$ | 0.3101 |
| $N_p = 8$ | $2.9 \cdot 10^{-2}$ | 0.3205 | $2.3 \cdot 10^{-2}$ | 0.3129 | $3.5 \cdot 10^{-2}$ | 0.2992 |
| $N_p = 10$ | $1.5 \cdot 10^{-2}$ | 0.3248 | $1.2 \cdot 10^{-2}$ | 0.3102 | $2.0 \cdot 10^{-2}$ | 0.2810 |
| $N_p = 12$ | $8.0 \cdot 10^{-3}$ | 0.3250 | $6.6 \cdot 10^{-3}$ | 0.3147 | $1.1 \cdot 10^{-2}$ | 0.2947 |
| $N_p = 14$ | $4.2 \cdot 10^{-3}$ | 0.3212 | $3.5 \cdot 10^{-3}$ | 0.3159 | $6.0 \cdot 10^{-3}$ | 0.3005 |
| $N_p = 16$ | $2.2 \cdot 10^{-3}$ | 0.3205 | $1.9 \cdot 10^{-3}$ | 0.3159 | $3.3 \cdot 10^{-3}$ | 0.3046 |
| $N_p = 18$ | $1.2 \cdot 10^{-3}$ | 0.3212 | $10.0 \cdot 10^{-4}$ | 0.3167 | $1.8 \cdot 10^{-3}$ | 0.3074 |
| $N_p = 20$ | $6.1 \cdot 10^{-4}$ | 0.3208 | $5.3 \cdot 10^{-4}$ | 0.3172 | $9.5 \cdot 10^{-4}$ | 0.3097 |
| $N_p = 22$ | $3.2 \cdot 10^{-4}$ | 0.3201 | $2.8 \cdot 10^{-4}$ | 0.3175 | $5.1 \cdot 10^{-4}$ | 0.3113 |
| $N_p = 24$ | $1.7 \cdot 10^{-4}$ | 0.3197 | $1.5 \cdot 10^{-4}$ | 0.3177 | $2.7 \cdot 10^{-4}$ | 0.3125 |
| $N_p = 26$ | $9.0 \cdot 10^{-5}$ | 0.3196 | $7.8 \cdot 10^{-5}$ | 0.3180 | $1.5 \cdot 10^{-4}$ | 0.3137 |
| $N_p = 28$ | $4.7 \cdot 10^{-5}$ | 0.3195 | $4.2 \cdot 10^{-5}$ | 0.3181 | $7.8 \cdot 10^{-5}$ | 0.3147 |
| $N_p = 30$ | $2.5 \cdot 10^{-5}$ | 0.3193 | $2.2 \cdot 10^{-5}$ | 0.3183 | $4.1 \cdot 10^{-5}$ | 0.3155 |
| $N_p = 32$ | $1.3 \cdot 10^{-5}$ | 0.3192 | $1.2 \cdot 10^{-5}$ | 0.3183 | $2.2 \cdot 10^{-5}$ | 0.3171 |

(b) Zeitpunkt $t = 100$.

**Tabelle 5.7:** Fehlerverhalten der numerischen Approximation mit der Zeitschrittweite $\Delta t = N_p^{-1}$ am Beispiel der Scherströmung zu unterschiedlichen Zeitpunkten.

|  | $\mathcal{L}^1$-Norm | | $\mathcal{L}^2$-Norm | | $\mathcal{L}^\infty$-Norm | |
|---|---|---|---|---|---|---|
|  | Fehler $e_{N_{\mathbf{p}}}$ | Ord. $c_{N_{\mathbf{p}}}$ | Fehler $e_{N_{\mathbf{p}}}$ | Ord. $c_{N_{\mathbf{p}}}$ | Fehler $e_{N_{\mathbf{p}}}$ | Ord. $c_{N_{\mathbf{p}}}$ |
| $N_{\mathbf{p}} = 2$ | $1.8 \cdot 10^{-1}$ | | $1.2 \cdot 10^{-1}$ | | $1.6 \cdot 10^{-1}$ | |
| $N_{\mathbf{p}} = 4$ | $8.8 \cdot 10^{-2}$ | 0.3475 | $5.7 \cdot 10^{-2}$ | 0.3902 | $6.9 \cdot 10^{-2}$ | 0.4321 |
| $N_{\mathbf{p}} = 6$ | $4.2 \cdot 10^{-2}$ | 0.3737 | $2.8 \cdot 10^{-2}$ | 0.3564 | $3.9 \cdot 10^{-2}$ | 0.2863 |
| $N_{\mathbf{p}} = 8$ | $2.3 \cdot 10^{-2}$ | 0.3011 | $1.5 \cdot 10^{-2}$ | 0.2995 | $2.0 \cdot 10^{-2}$ | 0.3206 |
| $N_{\mathbf{p}} = 10$ | $1.0 \cdot 10^{-2}$ | 0.3964 | $7.1 \cdot 10^{-3}$ | 0.3813 | $9.5 \cdot 10^{-3}$ | 0.3817 |
| $N_{\mathbf{p}} = 12$ | $5.6 \cdot 10^{-3}$ | 0.3045 | $3.9 \cdot 10^{-3}$ | 0.3068 | $5.4 \cdot 10^{-3}$ | 0.2877 |
| $N_{\mathbf{p}} = 14$ | $2.7 \cdot 10^{-3}$ | 0.3729 | $1.9 \cdot 10^{-3}$ | 0.3484 | $2.6 \cdot 10^{-3}$ | 0.3603 |
| $N_{\mathbf{p}} = 16$ | $1.4 \cdot 10^{-3}$ | 0.3273 | $9.9 \cdot 10^{-4}$ | 0.3308 | $1.4 \cdot 10^{-3}$ | 0.3204 |
| $N_{\mathbf{p}} = 18$ | $6.9 \cdot 10^{-4}$ | 0.3495 | $5.1 \cdot 10^{-4}$ | 0.3325 | $7.4 \cdot 10^{-4}$ | 0.3102 |
| $N_{\mathbf{p}} = 20$ | $3.5 \cdot 10^{-4}$ | 0.3451 | $2.6 \cdot 10^{-4}$ | 0.3355 | $3.9 \cdot 10^{-4}$ | 0.3162 |
| $N_{\mathbf{p}} = 22$ | $1.8 \cdot 10^{-4}$ | 0.3389 | $1.3 \cdot 10^{-4}$ | 0.3315 | $2.1 \cdot 10^{-4}$ | 0.3182 |
| $N_{\mathbf{p}} = 24$ | $8.8 \cdot 10^{-5}$ | 0.3489 | $6.9 \cdot 10^{-5}$ | 0.3341 | $1.1 \cdot 10^{-4}$ | 0.3150 |
| $N_{\mathbf{p}} = 26$ | $4.5 \cdot 10^{-5}$ | 0.3384 | $3.5 \cdot 10^{-5}$ | 0.3329 | $5.8 \cdot 10^{-5}$ | 0.3269 |
| $N_{\mathbf{p}} = 28$ | $2.2 \cdot 10^{-5}$ | 0.3452 | $1.8 \cdot 10^{-5}$ | 0.3334 | $3.0 \cdot 10^{-5}$ | 0.3246 |
| $N_{\mathbf{p}} = 30$ | $1.1 \cdot 10^{-5}$ | 0.3411 | $9.4 \cdot 10^{-6}$ | 0.3335 | $1.6 \cdot 10^{-5}$ | 0.3291 |
| $N_{\mathbf{p}} = 32$ | $5.7 \cdot 10^{-6}$ | 0.3417 | $4.8 \cdot 10^{-6}$ | 0.3333 | $8.0 \cdot 10^{-6}$ | 0.3316 |

(c) Zeitpunkt $t = 150$.

**Tabelle 5.7:** Fehlerverhalten der numerischen Approximation mit der Zeitschrittweite $\Delta t = N_{\mathbf{p}}^{-1}$ am Beispiel der Scherströmung zu unterschiedlichen Zeitpunkten.

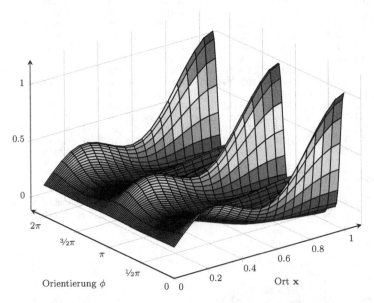

**Abbildung 5.12:** Simulation der ortsabhängigen Fokker-Planck-Gleichung.

entsteht die allgemeine Form der Fokker-Planck-Gleichung (2.10), die zur Simulation der (ebenen) Orientierungszustände in Fasersuspensionen benötigt wird. Bei der Herleitung eines numerischen Verfahrens konnten wir im Abschnitt 4.1 die unterschiedlichen Komponenten der Verteilungsfunktion unter Verwendung eines Splitting-Verfahrens und Separationsansatzes voneinander entkoppeln. So war es möglich die ortsunabhängige Fokker-Planck-Gleichung (4.11) in jedem Knoten der Ortsdiskretisierung eigenständig zu lösen und anschließend die so entstandene Verteilungsfunktion $\psi$ mit der Konvektionsgleichung (4.12) im Ort zu behandeln. Wir haben hierzu im Abschnitt 4.3 die Upwind-Diskretisierung festgehalten, welche die für uns relevanten physikalischen Eigenschaften gewährleistet und so eine sinnvolle Ergänzung zu den Korrekturmethoden des Orientierungsanteils darstellt. Eine wie im Abschnitt 5.1 ausführliche Untersuchung dieses Verfahrens ist aufgrund detaillierter Analysen der Upwind-Diskretisierung in [21] nicht erforderlich. Stattdessen wollen wir an dieser Stelle lediglich anmerken, dass die von der Theorie zu erwartenden Eigenschaften in der Praxis im vollen Umfang erfüllt werden.

# 6 Zusammenfassung und Ausblick

Ziel dieser Arbeit war die Auseinandersetzung mit der numerischen Simulation von Orientierungszuständen einer Fasersuspension. Nachdem bereits in der Einleitung deutlich wurde, dass eine direkte Simulation der in einem Transportmedium schwimmenden Fibern in der Lagrangeschen Betrachtungsweise aufgrund der mikroskopischen Größen in der Praxis nicht durchführbar sein würde, führten wir zahlreiche Vereinfachungen ein: Wir nahmen beispielsweise an, dass alle Fibern durch zylindrische Körper mit den identischen Ausdehnungen dargestellt und Kopplungen zwischen den Fasern zunächst vernachlässigt werden können. Dies erlaubte uns eine makroskopische und Eulersche Betrachtungsweise unter der Einführung einer nichtnegativen Verteilungsfunktion $\psi$, welche die Wahrscheinlichkeitsdichte eine Fiber im Ort $\mathbf{x}$ zur Orientierung $\mathbf{p}$ zu finden angibt. Die sogenannte Fokker-Planck-Gleichung konnte dabei zur Entwicklung von $\psi$ verwendet werden. Die Faserinteraktionen wurden anschließend durch das Hinzufügen eines diffusiven Terms approximiert und vervollständigten das Modell zur Simulation der Orientierungszustände.

Die so entstandene Differentialgleichung ist in der Orientierungskomponente auf der Einheitssphäre $\mathbb{S}$ definiert, sodass sich zur Simulation von ebenen Orientierungen $\mathbf{p} \in \mathbb{S}^1 \subset \mathbb{R}^2$ eine Fourierapproximation zur Diskretisierung anbot. Sie besitzt die Schwierigkeit der Analyse und Gewährleistung der Nichtnegativität einer Verteilungsfunktion, da zugehörige Freiheitsgrade gegeben durch die Fourierkoeffizienten keinen Funktionswerten entsprechen, wie es beispielsweise bei den Lagrangeschen Finite-Elementen der Fall ist.

Aus diesem Grund leiteten wir im weiteren Verlauf der Arbeit (siehe Abschnitt 3) zahlreiche Abschätzungen an die Fourierkoeffizienten her, die notwendige Bedingungen der Nichtnegativität einer Verteilungsfunktion widerspiegeln. Da diese beliebig kompliziert werden können, beschränkten wir uns dabei auf für uns relevante Eigenschaften zur Gewährleistung positiv semidefiniter Orientierungstensoren $\mathbb{A}_2$ und $\mathbb{A}_4$ und dem damit verbundenen physikkonformen effektiven Spannungstensor $\tau_{\text{eff}}$, der für eine stabile Diskretisierung der Differentialgleichung für das Transportmedium nötig ist. Außerdem leiteten wir eine allgemeine Herangehensweise zur Bestimmung weiterer Ungleichungen her.

Im Abschnitt 4 führten wir auf der Grundlage des Galerkin-Verfahrens eine numerische Methode zur Simulation der Fokker-Planck-Gleichung ein: Dabei nutzten wir ein Splitting-Verfahren sowie einen Separationsansatz, um die Differentialgleichung in unabhängige Anteile für den Orientierungs- und Ortsanteil aufzuspalten. Während ein bereits weit verbreitetes Verfahren niedriger Ordnung (Upwind-Diskretisierung) zur Diskretisierung der Konvektionsgleichung im Ort die für uns relevanten Ungleichungen auf natürlichem Wege auf seine Lösung überträgt, mussten wir für die ortsunabhängige Fokker-Planck-Gleichung speziell angepasste Korrekturen zur Gewährleistung der physikalischen Eigenschaften herleiten.

Hierbei setzten sich bei der praktischen Auswertung im Abschnitt 5 besonders die Korrektur mittels eines Minimierungsproblems durch, bei der die Fourierkoeffizienten $a_k$ und $b_k$ unabhängig von den weiteren Koeffizienten korrigiert werden können und damit diese Art der Verbesserung als besonders effektiv anzusehen ist. Aber auch die Veränderung der Fourierkoeffizienten durch das Hinzufügen von künstlicher Diffusion ist aufgrund der damit verbundenen Glättungseigenschaft nicht zu ignorieren.

An den untersuchten Modellproblemen in den Abschnitten 5.1.1 und 5.1.2 und zusätzlichen Überlegungen konnten wir außerdem festhalten, dass die Bedeutung der vorgestellten Korrekturtechniken bei besonders orientierungsdominanten Problemen ($\omega^2 > 0$) bei niedrigen Volumenanteilen der Fasern $0 \leq \alpha \ll 1$ am stärksten zum Tragen kommt. In häufigen Fällen erfüllen bereits die unkorrigierten Fourierapproximationen der Verteilungsfunktion $\psi$ die Ungleichungen und die Korrekturen beeinträchtigen den Lösungsverlauf nicht. Jedoch sei darauf hingewiesen, dass trotz dieses Resultates die physikalischen Eigenschaften zwingend zu überprüfen und eventuelle Korrekturen durchzuführen sind, um einen physikkonformen effektiven Spannungstensor $\tau_{\text{eff}}$ zu gewährleisten. Andernfalls entstehen bei der Diskretisierung der inkompressiblen Navier-Stokes-Gleichungen, die für eine vollständige Simulation von Fasersuspensionen verwendet werden, antidiffusive Beiträge und Programmabbrüche müssen erwartet werden.

Im Anschluss der Arbeit sollte die Simulation der Fokker-Planck-Gleichung um die inkompressiblen Navier-Stokes-Gleichungen erweitert werden. Dadurch kann der Einfluss der Korrekturen auf den effektiven Spannungstensor $\tau_{\text{eff}}$ und die Stabilität der vollständigen Simulation einer Fasersuspension überprüft werden.

Außerdem erhöht sich der praktische Nutzen einer solchen Simulation deutlich beim Übergang zu dreidimensionalen Strömungsprofilen, bei dem die Orientierung einer Fiber auf die zweidimensionale Sphäre $\mathbb{S}^2 \subset \mathbb{R}^3$ erweitert werden muss. Hierzu müssen neue angepasste Basisfunktionen definiert und zugehörige Eigenschaften für die Nichtnegativität einer Verteilungsfunktion hergeleitet werden. Lediglich die positive Semidefinitheit der (Orientierungs-)Tensoren wird bei der Erhöhung der Raumdimension erhalten bleiben, sodass sie auch hier das Fundament der Untersuchungen bilden werden.

Es ist anzunehmen, dass entsprechende Korrekturverfahren in der Komplexität ansteigen werden und sich möglicherweise nicht mehr analytisch lösen lassen. Jedoch wäre eine Übertragbarkeit der Separierbarkeit für die unterschiedlichen Grade der Basisfunktionen anzustreben.

Final sollte eine Validierung der so entstandenen Methode mit einem praktischen Experiment durchgeführt werden, um unbekannte materialabhängige Parameter zu bestimmen und die Exaktheit bzw. Tauglichkeit des Verfahrens für industriell relevante Simulationen bewerten zu können.

# Literaturverzeichnis

[1] S. G. Advani and C. L. Tucker. The Use of Tensors to Describe and Predict Fiber Orientation in Short Fiber Composites. *Journal of Rheology (1978-present)*, 31(8):751–784, Nov. 1987.

[2] S. Akbar and M. C. Altan. On the solution of fiber orientation in two-dimensional homogeneous flows. *Polymer Engineering & Science*, 32(12):810–822, 1992.

[3] A. A. Albert. An Inductive Proof of Descartes' Rule of Signs. *The American Mathematical Monthly*, 50(3):pp. 178–180, 1943.

[4] M. Altan and L. Tang. Orientation tensors in simple flows of dilute suspensions of non-Brownian rigid ellipsoids, comparison of analytical and approximate solutions. *Rheologica Acta*, 32(3):227–244, 1993.

[5] B. Anderson, J. Jackson, and M. Sitharam. Descartes' Rule of Signs Revisited. *The American Mathematical Monthly*, 105(5):pp. 447–451, 1998.

[6] F. P. Bretherton. The motion of rigid particles in a shear flow at low Reynolds number. *Journal of Fluid Mechanics*, 14(02):284–304, Sept. 1962.

[7] C. Canuto, M. Y. Hussaini, A. Quarteroni, and T. A. Zang. *Spectral methods in Fluid Dynamics*. Springer-Verlag, 1988.

[8] K. Deckelnick, G. Dziuk, and C. M. Elliott. Computation of geometric partial differential equations and mean curvature flow. *Acta Numerica*, 14:139–232, May 2005.

[9] S. M. Dinh and R. C. Armstrong. A Rheological Equation of State for Semiconcentrated Fiber Suspensions. *Journal of Rheology*, 28(3):207–227, 1984.

[10] G. Dziuk and C. M. Elliott. Finite element methods for surface PDEs. *Acta Numerica*, 22:289–396, Apr. 2013.

[11] C. Fletcher. The group finite element formulation. *Computer Methods in Applied Mechanics and Engineering*, 37(2):225 – 244, 1983.

[12] A. D. Fokker. Die mittlere Energie rotierender elektrischer Dipole im Strahlungsfeld. *Ann. Phys.*, 348(5):810–820, 1914.

[13] F. Folgar and C. L. Tucker. Orientation Behavior of Fibers in Concentrated Suspensions. *Journal of Reinforced Plastics and Composites*, 3(2):98–119, Apr. 1984.

[14] G. P. Galdi and B. Reddy. Well-posedness of the problem of fiber suspension flows. *Journal of Non-Newtonian Fluid Mechanics*, 83(3):205 – 230, 1999.

[15] D. Gottlieb and J. Hesthaven. Spectral methods for hyperbolic problems*. In D. S. S. Vandewalle, editor, *Partial Differential Equations*, volume 7 of *Numerical Analysis 2000*, pages 83 – 131. Elsevier, Amsterdam, 2001.

[16] K.-H. Han and Y.-T. Im. Modified hybrid closure approximation for prediction of flow-induced fiber orientation. *Journal of Rheology (1978-present)*, 43(3):569–589, 1999.

[17] C. Helzel and F. Otto. Multiscale simulations for suspensions of rod-like molecules. *Journal of Computational Physics*, 216(1):52–75, July 2006.

[18] D. A. Jack and D. E. Smith. Assessing the use of tensor closure methods with orientation distribution reconstruction functions. *Journal of composite materials*, 38(21):1851–1871, 2004.

[19] G. B. Jeffery. The Motion of Ellipsoidal Particles Immersed in a Viscous Fluid. *Royal Society of London Proceedings Series A*, 102:161–179, Nov. 1922.

[20] R. Kerekes and C. Schell. Characterization of fibre flocculation regimes by a crowding factor. *Journal of pulp and paper science*, 18(1):J32–J38, 1992.

[21] D. Kuzmin. Algebraic Flux Correction I. Scalar Conservation Laws. In D. Kuzmin, R. Löhner, and S. Turek, editors, *Flux-Corrected Transport*, Scientific Computation, pages 145–192. Springer Netherlands, 2012.

[22] D. Kuzmin and M. Möller. Algebraic Flux Correction I. Scalar Conservation Laws. In D. Kuzmin, R. Löhner, and S. Turek, editors, *Flux-Corrected Transport*, Scientific Computation, pages 155–206. Springer Berlin Heidelberg, 2005.

[23] D. Kuzmin and S. Turek. Subgrid Scale Modeling and Efficient Finite Element Simulation of Fiber Suspension Flows. *DFG-Antrag KU1530/13-1*, 2013.

[24] G. G. Lipscomb, M. M. Denn, D. U. Hur, and D. V. Boger. The flow of fiber suspensions in complex geometries. *Journal of Non-Newtonian Fluid Mechanics*, 26(3):297–325, 1988.

[25] S. Montgomery-Smith, W. He, D. A. Jack, and D. E. Smith. Exact tensor closures for the three-dimensional Jeffery's equation. *Journal of Fluid Mechanics*, 680:321–335, 2011.

[26] S. Montgomery-Smith, D. A. Jack, and D. E. Smith. A systematic approach to obtaining numerical solutions of Jeffery's type equations using Spherical

Harmonics. *Composites Part A: Applied Science and Manufacturing*, 41(7):827 – 835, Mar. 2010.

[27] M. Planck. Über einen Satz der statistischen Dynamik und seine Erweiterung in der Quantentheorie. *Sitzungsberichte der Preußischen Akademie der Wissenschaften*, 24(324-341), 1917.

[28] B. Reddy and G. Mitchell. Finite element analysis of fibre suspension flows. *Computer Methods in Applied Mechanics and Engineering*, 190(18–19):2349 – 2367, 2001.

[29] A. J. Szeri and D. J. Lin. A deformation tensor model of Brownian suspensions of orientable particles—the nonlinear dynamics of closure models. *Journal of Non-Newtonian Fluid Mechanics*, 64(1):43 – 69, 1996.

[30] E. Tadmor. The Exponential Accuracy of Fourier and Chebyshev Differencing Methods. *SIAM Journal on Numerical Analysis*, 23(1):1–10, 1986.

[31] C. Tucker and S. G. Advani. Processing of short-fiber systems. *Composite Materials Series*, pages 147–202, 1994.

[32] D. Vincenzi. Orientation of non-spherical particles in an axisymmetric random flow. *Journal of Fluid Mechanics*, 719:465–487, 3 2013.

[33] Voith Paper GmbH. Papiermaschine - Perlen PM 7. `http://voith.com/de/presse/bildmaterial/papier-21795.html`, march 2015.